服装 CAD 项目化教程

主　审　邹红梅
主　编　罗丽芬
副主编　孟彩红　程景秋
参　编　李顺萍

北京理工大学出版社
BEIJING INSTITUTE OF TECHNOLOGY PRESS

版权专有　侵权必究

图书在版编目（CIP）数据

服装 CAD 项目化教程 / 罗丽芬主编 . —北京：北京理工大学出版社，2018.8
　ISBN 978-7-5682-5884-5

　Ⅰ . ①服…　Ⅱ . ①罗…　Ⅲ . ①服装设计 – 计算机辅助设计 –AutoCAD 软件 – 教材　Ⅳ . ① TS941.26

中国版本图书馆 CIP 数据核字（2018）第 154028 号

出版发行 / 北京理工大学出版社有限责任公司	
社　　址 / 北京市海淀区中关村南大街 5 号	
邮　　编 / 100081	
电　　话 /（010）68914775（总编室）	
（010）82562903（教材售后服务热线）	
（010）68948351（其他图书服务热线）	
网　　址 / http：//www.bitpress.com.cn	
经　　销 / 全国各地新华书店	
印　　刷 / 北京佳创奇点彩色印刷有限公司	
开　　本 / 787 毫米 × 1092 毫米　1/16	责任编辑 / 王美丽
印　　张 / 9.5	文案编辑 / 孟祥雪
字　　数 / 220 千字	责任校对 / 周瑞红
版　　次 / 2018 年 8 月第 1 版　2018 年 8 月第 1 次印刷	责任印制 / 边心超
定　　价 / 39.00 元	

图书出现印装质量问题，请拨打售后服务热线，本社负责调换

前　言

随着我国服装产业的发展，服装加工技术日新月异，电脑制版也随工业化大生产之需普及开来。技工院校的教学以培养高技能人才为目标，使其掌握职业岗位技能，培养其职业能力。一体化教学是职业教育的方法，旨在提高被教育者的综合素质，采用理论教学与实践相结合的方法，通过各个教学任务环节的落实来保证整体教学目标的实现。

为响应职业教育改革，推动一体化课程改革，通过多家企业岗位调研，结合企业岗位用人需求，提取典型工作任务，编者们结合多年教学实践和实践经验，编写《服装CAD项目化教程》，使学生在模拟企业任务的完成过程中，掌握CAD的制图要点，同时培养其具备查找问题、分析问题和解决问题的能力。软件的操作只有与岗位实践内容结合起来，才能发挥软件的真正作用，否则只停留到软件工具的使用层面。本书的编写将焦点集中在服装工业制版的岗位技能培养上，以工作流程为着眼点，以六个基本项目为基础，每个项目涉及不同的制版、放码和排料的技能点，层层深入。本教材采用的是富怡V8操作软件，配以企业模拟生产制单，启发读者深入思考。通过项目训练，培养学生的岗位能力，能根据所学的服装CAD知识灵活运用到生产中，实现软件操作能力与岗位技能的对接，既适合教学，也适合行业从业人员阅读。

本书由罗丽芬主编，孟彩红、程景秋任副主编，李顺萍参编。在编写过程中得到了惠州市技师学院各级领导和同行老师的支持和帮助，得到了富怡CAD公司童丽姣经理的支持，在此表示衷心的感谢。本教材的编写与出版得到了广东省省级重点专业建设项目的资助，在此一并表示感谢！

　　本书既为服装CAD课程教研探索，也是抛砖引玉，由于编者水平有限，书中的观点和内容还有待进一步的深化和提高，疏漏和错误之处在所难免，欢迎专家、同行和广大读者提出批评与改进的意见，不胜感激！

　　联系方式：luolifen1@126.com.

编　者
2018年3月

【目录】CONTENTS

第一章　裙子制图　　/ 1

第一节　学习任务描述 …………………………………………………… 1
第二节　接受任务 ………………………………………………………… 4
第三节　结构设计 ………………………………………………………… 5
第四节　富怡 CAD V8 系统完成制板 …………………………………… 8
第五节　样板检查和修正 ………………………………………………… 11
第六节　放码量计算 ……………………………………………………… 12
第七节　富怡 CAD 完成放码 …………………………………………… 14
第八节　裁床方案的制定 ………………………………………………… 16
第九节　富怡 CAD 完成排料 …………………………………………… 18

第二章　裤子制图　　/ 23

第一节　学习任务描述 …………………………………………………… 23
第二节　接受任务 ………………………………………………………… 26
第三节　结构设计 ………………………………………………………… 27
第四节　富怡 CAD V8 系统完成制板 …………………………………… 30
第五节　样板检查和修正 ………………………………………………… 32
第六节　放码量计算 ……………………………………………………… 34
第七节　富怡 CAD 完成放码 …………………………………………… 37
第八节　西裤排料原理 …………………………………………………… 38
第九节　富怡 CAD 完成排料 …………………………………………… 39

第三章　短袖女衬衫制图　　/ 44

第一节　学习任务描述 …………………………………………………… 44
第二节　接受任务 ………………………………………………………… 47
第三节　短袖女衬衫结构设计 …………………………………………… 48
第四节　富怡 CAD 完成制板 …………………………………………… 51
第五节　样板检查和修正 ………………………………………………… 53
第六节　放码量计算 ……………………………………………………… 55
第七节　富怡 CAD 完成放码 …………………………………………… 58
第八节　排料方案的制定 ………………………………………………… 59
第九节　富怡 CAD 完成排料 …………………………………………… 60

第四章　长袖女衬衫制图 / 64

第一节　学习任务描述 ……………………………………………… 64
第二节　接受任务 …………………………………………………… 67
第三节　工服长袖女衬衫结构设计 ………………………………… 68
第四节　富怡 CAD V8 系统完成制板 ……………………………… 71
第五节　样板检查和修正 …………………………………………… 73
第六节　放码量计算 ………………………………………………… 74
第七节　富怡 CAD 完成放码 ……………………………………… 75
第八节　排料方案的制定 …………………………………………… 76
第九节　富怡 CAD 的 GMS 系统完成排料 ……………………… 77

第五章　女西装制图 / 82

第一节　学习任务描述 ……………………………………………… 82
第二节　接受任务 …………………………………………………… 85
第三节　结构设计 …………………………………………………… 86
第四节　富怡 CAD V8 完成制板 …………………………………… 87
第五节　样板检查和修正 …………………………………………… 93
第六节　放码量计算 ………………………………………………… 94
第七节　富怡 CAD 完成放码 ……………………………………… 96
第八节　女西装排料 ………………………………………………… 97
第九节　富怡 CAD 完成女西装排料 ……………………………… 98

第六章　男西装制图 / 102

第一节　学习任务描述 ……………………………………………… 102
第二节　接受任务 …………………………………………………… 105
第三节　男西装结构设计 …………………………………………… 106
第四节　富怡 CAD 完成制板 ……………………………………… 107
第五节　样板检查和修正 …………………………………………… 109
第六节　放码量计算 ………………………………………………… 110
第七节　富怡 CAD 完成放码 ……………………………………… 112
第八节　男西装排料 ………………………………………………… 113
第九节　富怡 CAD 完成男西装排料 ……………………………… 114

拓展任务 / 122

附录一　制板参考 / 127

附录二　ET 制板简介 / 132

第一章 裙子制图

第一节 学习任务描述

一、任务制单

XX 公司生产制单										
客户	HZTI	单号	2013001	下单日期	20130908	走板日期	20130911	走货期	20130920	
款号	XQ01	数量	55 件								
颜色	色号	S	M	L	XL	合计				
黑色 BLACK	45	10	30	10	5	55				
车缝物料	1. 缝线：黑色 #45； 2. 衬：黑色 #45 粘合衬； 3. 拉链：黑色 19 厘米，塑料拉链								主布： 50% 羊毛、 50% 聚酯纤维 里布： 100% 聚酯纤维		
客户评语及注意事项	1. 所有尺寸跟回尺寸表要求； 2. 前开叉位置要熨烫平服； 3. 后中装拉链										
尺码	厘米计	S	M	L	XL	TOL	款式图			挂牌及唛头： 1. 主唛车于穿起计前左内腰，距前中 8 厘米； 2. 说明唛车于主唛下	
规定尺寸	裙长(腰顶至脚)	53	55	57	59	0.5						
	腰围	64	68	72	76	0.5						

续表

	XX公司生产制单						
规定尺寸	裙长（腰顶至脚）	53	55	57	59	0.5	
	腰围	64	68	72	76	0.5	
	臀围（腰下17厘米）	90	94	98	102	0.5	
	腰头宽	2	2	2	2	0	
	叉高	13	13	14	14	0.5	
	叉宽	4	4	4	4	0.5	
	拉链长	17	17	17	17	0.5	
备注							
主管：××		跟单：××		制单：××		日期：××	

二、学习目标

（1）掌握接收制单流程，读取制单资料并安排生产；
（2）掌握西裙的制图方法，CAD制板、放码和排料的基础知识以及操作步骤。

三、任务说明

在本学习与工作任务中，你与你的小组应该完成如下工作：

（1）读取制单资料。包括制单上的客户资料、尺寸资料、款式、缩水率、客户评语等。
（2）西裙结构设计。包括西裙的前后片、腰头等的制图。
（3）富怡CAD的DGS系统完成制板。包括号型编辑、设计工具栏、纸样工具栏的运用。
（4）样板检查与修正。包括对样板尺寸、裁片数量、板型和纸样资料的检查修正。
（5）西裙放码的基本原理。包括西裙长度、围度等部位尺寸的档差分配。
（6）富怡CAD完成西裙点放码。包括点放码工具的操作方法，点放码窗口操作。

（7）西裙排料的基本原理。包括排料的基本原则和方法。

（8）富怡CAD完成西裙排料。包括唛架的设置、文件导入和自动排料等。

工作环节学时分配如表1-1所示。

表1-1　学时分配

序号	工作环节	建议学时数
1	接受任务	1
2	西裙结构设计	1
3	富怡CAD的DGS系统完成制板	4
4	样板检查与修正	2
5	西裙放码的基本原理	4
6	富怡CAD完成西裙点放码	2
7	西裙排料的基本原理	2
8	富怡CAD完成西裙排料	2
	合计	18

裙子制图

第二节 接受任务

一、工作要求

每个企业由于企业习惯、产品特点不同，其制单的格式各有不同，但是制单的内容、格式基本一样。服装纸样师只有全面掌握制单内容，根据要求才能设计出满足生产所需的纸样文件。

在本学习与工作环节中，你与你的小组应该完成如下工作：

（1）小组分工：确定纸样主管和纸样师。

（2）读取制单资料：包括客户资料、尺寸资料、款式、缩水率、客户评语。

（3）讨论制图要点：根据款式、客人评语反馈等注意事项讨论制图要点。

二、实施建议

（1）小组分工，选定纸样主管。主管的职责主要是统筹本小组的工作，保证小组成员按时完成工作任务，检查工作完成进度，进行小组分工等。

（2）根据制单上的每个信息，小组讨论其用途，以及其对后期制板有哪些影响。

（3）将客人评语中涉及纸样制作部分的内容用颜色标注好。

第三节 结构设计

一、工作要求

西裙作为女装裙装的基本样式,是裙子变款的基础样式。
在本学习与工作环节中,你与你的小组应该完成如下工作:
(1)通过查阅资料,掌握基础西裙的结构设计;
(2)在基础西裙的结构设计基础上进行变款,满足西裙的款式设计要求;
(3)纸样资料标注齐全:包括缝份、剪口、布纹线及文字标注;
(4)绘制1:5西裙结构制图(每个人独立完成)。

二、实施建议

1. 分析西裙款式特点及结构设计要点

西裙款式特点:裙长至膝,直腰头,穿起计前左侧开叉,后中绱拉链,绱里,如图1-1所示。
结构设计要点:在基础西裙的前片基础上,绘制开叉分割线,增加叉位。其他部位同基础西裙的绘制方法。

图1-1 款式图

裙子制图

2. 纸样资料的完善

纸样资料包括缝份、剪口、布纹线及文字标注等。
西裙缝份的加放：面布底摆4厘米，其他部位1厘米。
剪口：腰省处、臀侧点、底摆反折处、拉链止口。
布纹线上标注：客户+款号。
布纹线下标注：码数+纸样名+纸样数量。

3. 西裙结构设计

制图区						
制图号型			制图比例			
制图尺寸						
裙长		腰围		臀围		腰头宽
叉高		叉宽		拉链长		

第三节 结构设计

制图区

第一章 裙子制图

第四节 富怡 CAD V8 系统完成制板

一、工作要求

CAD 是计算机辅助设计的缩略形式,服装 CAD 系统有助于增强设计与生产之间的联系,有助于服装生产企业对市场的需求做出快速响应。

在本学习与工作环节中,你与你的小组应该完成如下工作:

(1)掌握 DGS 系统的基本操作;
(2)利用智能笔工具完成结构设计;
(3)利用纸样工具栏对西裙裁片进行设计。

二、实施建议

1. 掌握 DGS 的启动,新建文件,保存

双击 DGS 软件图标,打开软件。绘制完成后,按保存键,以 DGS 格式保存。

2. 号型编辑,输入尺码表

操作方法:
(1)单击菜单栏中的"号型"→"号型编辑",纵向输入测量部位,如腰围;
(2)横向输入尺码名称,如 M。所输入名称与尺寸必须与客户制单相同。

3. 智能笔:快捷键 F

1)基本用途

在空白处或关键点或交点或线上单击,进入画线操作;光标移至关键点或交点上,关键点发亮的时候,按回车键,以该点作偏移,进入画线类操作;在确定第一个点后,单击右键切换丁字尺(水平/垂直/45度线)或任意直线工具。用 Shift 切换折线与曲线。

2)常用的 18 种切换功能

(1)在线上单击右键进入"调整工具";
(2)右键框选一条线进入"剪断(连接)线"功能;
(3)在关键点上,右键拖拉进入"水平垂直线"(右键切换方向);

（4）如果左键框选两条线后单击右键，则为"角连接"；

（5）如果左键框选四条线后单击右键，则为"加省山"；

（6）如果左键框选一条或多条线后再按 Delete 键，则删除所选的线；

（7）如果左键框选一条或多条线后再在另外一条线上单击，则进入"靠边"功能，在需要线的一边单击右键，为"单向靠边"。如果在另外的两条线上单击左键，则为"双向靠边"；

（8）左键拖拉线进入"不相交等距线"功能；

（9）左键在空白处框选进入"矩形"工具；

（10）在关键点上拖动左键，到一条线上放开，进入"单圆规"；

（11）在关键点上拖动左键，到另一个点上放开，进入"双圆规"；

（12）按下 Shift 键，左键框选一条或多条线后，单击右键为"移动（复制）"功能，用 Shift 键切换复制或移动，按住 Ctrl 键，为任意方向移动或复制；

（13）按下 Shift 键，如果左键框选一条或多条线后再单击选择线，则进入"转省"功能；

（14）按下 Shift 键，左键拖拉线则进入"相交等距线"，再分别单击相交的两边；

（15）按下 Shift 键，左键拖拉选中两点则进入"三角板"，再单击另外一点，拖动鼠标，做选中线的平行线或垂直线；

（16）按下 Shift 键，在线上单击右键则进入"调整线长度"，在线的中间单击右键为两端不变，调整曲线长度，如果在线的一端单击右键，则在这一端调整线的长度；

（17）按下 Shift 键，右键框选一条线则进入"收省"功能；

（18）按下 Shift 键，在关键点上，右键拖拉点进入"偏移点/偏移线"（用右键切换保留点/线）。

4. 调整工具：快捷键 A

快捷键 A 用于调整曲线的形状，修改曲线上控制点的个数，转换曲线点与转折点，改变钻孔、扣眼、省、褶的属性。

操作方法：

（1）用该工具在曲线上单击，线被选中，单击线上的控制点，拖动至满意的位置，单击即可。当显示弦高线时，此时按小键盘数字键可改变弦的等分数，移动控制点可调整至弦高线上，光标上的数据为曲线长和调整点的弦高(显示/隐藏弦高：Ctrl +H)；

（2）定量调整控制点：用该工具选中线后，把光标移在控制点上，按回车键；

（3）在线上增加控制点、删除曲线或折线上的控制点：单击曲线或折线，使其处于选中状态，在没点的位置单击为加点（或按 Insert 键），或把光标移至曲线点上，按 Insert 键可使控制点可见，在有点的位置单击右键为删除（或按 Delete 键）；

（4）在选中线的状态下，把光标移至控制点上，按 Shift 键可在曲线点与转折点之间切换。在曲线与折线的转折点上，如果把光标移在转折点上单击右键，则曲线与直线的相交处自动顺滑，在此转折点上如果按 Ctrl 键，可拉出一条控制线，可使得曲线与直线的相交处顺滑相切；

（5）用该工具在曲线上单击，线被选中，敲小键盘的数字键，可更改线上的控制点个数。

5. 剪刀：快捷键 W

功能：用于从结构线或辅助线上拾取纸样。
操作方法：
（1）用该工具单击或框选围成纸样的线，最后单击右键，系统按最大区域形成纸样。
（2）按住 Shift 键，用该工具单击形成纸样的区域，则有颜色填充，可连续单击多个区域，最后单击右键完成。
（3）用该工具单击线的某端点，按一个方向单击轮廓线，直至形成闭合的图形。拾取时如果后面的线变成绿色，单击右键则可将后面的线一起选中，完成拾样。
（4）单击线、框选线、按住 Shift 键单击区域填色，第一次操作为选中，再次操作为取消选中。三种操作方法都是在最后单击右键形成纸样，工具即可变成衣片拾取辅助线工具。
（5）选中剪刀，单击右键可切换成衣片拾取辅助线工具。单击纸样，相对应的结构线变为蓝色，单击右键即可。

6. 纸样工具栏：布纹线、缝份、剪口、钻孔工具的操作

（1）布纹线：选择该工具，在纸样上单击右键，布纹线成 45 度角顺时针旋转。
（2）缝份：选择该工具，选中纸样上某一点，输入缝份量，整个纸样同时加上等量缝份。按顺时针方向从第一个点拖到另一点，则该段线被选中，可以只对该段线加放缝份。
（3）剪口：在需要生成剪口的位置单击左键即可。
（4）钻孔：在需要钻孔的位置单击左键即可。

7. 布纹线上下显示文字的设置

"选项"→"系统设置"→"布纹设置"，单击文本框右边黑色三角形按钮，选中需要显示的内容，单击"确定"按钮即可。

8. 西裙制图步骤

先绘制基础结构线，再绘制完成线。先完成前片，再完成后片，然后绘制里布、腰头。

9. 生成纸样

用剪刀工具剪出纸样，填写纸样资料，包括款式名、客户名、款号、布料类型和纸样数量。调整布纹线方向，设置布纹线上显示文字，按要求添加缝份、剪口和省尖钻孔等。

第五节 样板检查和修正

一、工作要求

　　头板制作完成后，确认尺寸工艺满足客户要求后，再进行放码排料、大货生产。根据最终确定的纸样文件，填写纸样清单。

二、实施建议

　　（1）所有纸样师把所制作纸样发给纸样主管进行审核，纸样主管从纸样资料的完整性、款式、尺寸等方面对纸样进行检查，纸样师根据主管所提意见进行修改，修改过后再提交给主管，主管安排板房车间生产制作样板，由跟单将样板寄给客户，客户确认后填写客户评语。

　　（2）纸样师根据客户评语进行修改，待客户确认后，准备放码排料制作大货样。

纸样清单

客户：		款号：	
纸样员：		日期：	
序号	纸样名称	布料类型	数量
1			
2			
3			
4			
5			
6			
7			
8			
9			
10			

第一章
裙子制图

第六节 放码量计算

一、工作要求

（1）西裙放码推板，根据制单尺寸要求，对各裁片进行推档放码。

（2）放码步骤：计算各部位的档差→计算每块裁片的横差和纵差→确定裁片的不动点→计算每个放码点的放码量，标注横差和纵差（横差：横向档差；纵差：纵向档差）。

（3）放码量方向的确定：向右向上为正，向左向下为负。

二、实施建议

1. 西裙放码原理

西裙放码常以前中臀围点/后中臀围点作为不动点进行放码。

裙长档差：裙长档差量，分别在腰头和裙摆部位推放。腰头部位放臀腰高档差，余数在裙摆推放。

腰围档差：四片式西裙样式，前后各占腰围档差/2，1/4裁片腰围放码点＝腰围档差/8。

臀围档差：四片式西裙样式，前后各占臀围档差/2，1/4裁片臀围放码点＝臀围档差/8。

2. 西裙放码量计算

放码量计算区

第六节 放码量计算

放码量计算区

第一章 裙子制图

第七节 富怡CAD完成放码

一、工作要求

利用点放码工具，对西裙纸样裁片各放码点输入放码量，进行放码。

二、实施建议

1. 放码前，必须先进行号型编辑

至少要有两个码以上才能进行放码。

2. 点放码的操作步骤

（1）单击"点放码"图标，弹出"点放码"对话框。
（2）单击"选择与修改"图标，单击衣片上一个放码点。
（3）单击最临近基码的小码文本框或大码文本框的X栏和Y栏，输入放码档差。注意大小码与基码的方向，确定正负值。
（4）因为该制单尺寸表中每码的档差相同，若只输入了X栏的值，则单击"X相等"放码按钮；若只输入了Y栏的值，则单击"Y相等"放码按钮；若输入了X和Y栏的值，则单击"XY相等"放码按钮，就完成该点的放码。

3. 点放码表中各按钮的操作说明

复制放码量：用于复制已放码点的放码值。
粘贴放码量：用于将复制放码量命令复制储存的X和Y方向的放码值粘贴到目标放码点上（包括粘贴XY放码量，粘贴X放码量，粘贴Y放码量，X取反，Y取反，XY取反）。
根据档差类型显示号型名称：根据下拉菜单中相对档差、绝对档差、从小到大三种档差类型，显示每种类型档差的计算方法。
角度：用于调整放码基准坐标轴的角度，即根据需要调整放码方向。即原有的坐标轴正方向定义为水平向右垂直向上，利用此角度工具可将原有的坐标轴进行一定角度的旋转，改变放码点的放码方向。
前一放码点/后一放码点：用于选择前后放码点。注意衣片边线上的各放码点按顺时针方向区分前后放码点。

X 相等 /Y 相等 /XY 相等：用于将选中的放码点在 X 方向，或在 Y 方向，或在 XY 方向均等放码。（用于各码档差相等的情况）

X 不等距 /Y 不等距 /XY 不等距：用于对选中的放码点在 X、Y、XY 方向上进行不等距放码。（用于各码档差不等的情况）

X 等于零 /Y 等于零：用于将选中放码点 X 方向或 Y 方向的放码值变为零。

自动判断放码量正负：系统自动判断放码量的正负。选中状态时，输入放码量可以不考虑正负号。

4. 完成放码

完成放码后，用比较长度工具检查尺寸是否满足尺寸表要求、线条是否圆顺、左右裁片是否对称。

5. 比较长度工具

设计工具栏内的比较长度工具，快捷键 R。用于测量一段线的长度、多段线相加所得总长、比较多段线的差值，也可以测量剪口到点的长度。其在纸样、结构线上均可操作。比较两组线长度时，完成每组线段选择后，单击右键结束。

6. 保存文件

以"客户名＋订单号＋款号"命名、保存文件。

第八节 裁床方案的制定

一、工作要求

掌握排料的基本工作内容和方法。

二、实施建议

1. 服装裁剪分配方案的概念

裁剪方案就是有计划地把订单中的服装数量和颜色合理地安排，并使面料的损耗减至最低的裁床作业方案。

裁剪方案包括以下内容：

（1）排料方式，包括款式、尺码和件数等。

（2）拉布的方式，包括拉布的数量和颜色搭配等。

（3）每床的铺料层数以及裁床数量。

裁剪时，排料图张数越少，床数越少，则方案越好，裁剪任务完成的速度也就越快。同时，面料的利用越高，方案越佳。

2. 排料基本规则

1）先大后小

先大后小即先排面积较大的样片形成，基本格局，如上衣的前后衣片、裤子的前后衣片。大片排定后再排面积较小的裁片，巧妙地填满空当。

2）齐边平靠

样片凡有平直边的，无论主件、辅件都要尽量平齐靠拢。

3）斜边颠倒

对于前后肩缝、大小袖片等，排料时颠倒其顺序，使两斜边顺向一致，可以减少排料空隙。

4）交叉排列

对于形成凹凸、有弯弧或大小头的样片，为了减少排料图中的空隙，使样片尽量紧靠，可采用交叉排列和凹凸嵌套的方法。

3. 裁剪方案

裁剪分配方案的制定：

（1）裁剪分配的编号

1/S，3/M，5/L。

其中，数字表示服装件数，英文字母表示尺码。

（2）裁剪方案的制定

排料长度会受裁床的长度和面料因素的限制。

裁床方案的表示格式示例如下：

床1：1/S+2/M=3，50层；

床2：1/S+1/M+1/L=3，100层。

4. 单色混码裁床方案的设定

（1）第一次排最好满足：最多层数、最少床数、最多件数。

若第一次排不完，则进行第二次，也尽量满足以上条件。

（2）当其中最小数量的一个码件数 a< 每床最多拉的层数 b 时，排的层数即为 a；当其中最小数量的一个码件数 a> 每床最多拉的层数 b 时，排的层数即为 b。

（3）在排的过程中一般以最多层数来排，当满足最大层数而件数超出时再做相应调整。一般按照不同码数的数量比例进行调整，件数多的在排料图中排的相应比例也高，在排多张排料图时，尽可能多地使多张床数的排料图一致。

5. 设计排料方案

第九节 富怡CAD完成排料

一、工作要求

利用 GMS 系统，根据裁床要求制作西裙唛架文件。

二、实施建议

1. CAD 排料操作流程

（1）单击"新建"命令，弹出"唛架设定"对话框，设定唛架宽，唛架宽要根据实际情况来定，唛架长最好略大一些，但不要超过企业裁床长度。

（2）单击"确定"按钮，弹出"选取款式"对话框。

（3）单击"载入"按钮，弹出"选取款式文档"对话框，双击西裙文件，弹出"纸样制单"对话框。

（4）前右片/前左片纸样，每套裁片数为1，布料种类为面布，显示属性为单片，对称属性为否；后片纸样，每套裁片数为2，布料种类为面布，显示属性为右片，对称属性为是；腰头，每套裁片数为1，布料种类为面布，显示属性为单片，对称属性为否。里布的设定同上。

（5）号型表里、号型套数栏根据制单中每码的要求件数输入。勾选"设置所有布料"选项框，否则面、里布要分开设置，容易出现面、里布数量不匹配的问题。

（6）单击"确定"按钮，回到上一个对话框，即可看到纸样列表框内显示纸样，号型列表框内显示各号型纸样数量。

（7）单击"选项"→在唛架上显示纸样，弹出"显示唛架纸样"对话框，单击在布纹线上右侧的三角箭头，勾选"客户名""款号"，单击在布纹线下右侧的三角箭头，勾选"纸样名""数量""款式号型"。（如果在制图和放码过程中，采用文字工具添加布纹线上下显示内容，则导入排料系统后，字体会很大。采用参数设定→显示参数→勾选"按比例显示唛架文字和纸样文字"→应用。一般情况下，对布纹线上下内容的显示不要用文字工具输入，而是通过系统设置→布纹线设置命令，进行上下显示内容的设置。）

（8）在布料工具匣的下拉菜单中，选择"面料"。

（9）单击"排料"按钮→"自动排料"，排至利用率最高、最省料。

（10）在布料工具匣的下拉菜单中，选择"里料"。

（11）单击"排料"按钮→"自动排料"，排至利用率最高、最省料。

（12）单击"文档"菜单→"另存为"，保存唛架。

2. 单布号分床

打开当前唛架，唛架根据码号分为多床的唛架文件，保存。

操作方法：打开款式文件后，选择"文档"菜单下的"单布号分床"命令，弹出"分床"对话框→输入各码的订单数量→单击"自动分床"按钮，弹出"自动分床"选项框，根据需要设定内容，单击"确定"按钮系统即可自动分好；也可以手动分床，单击"增加一床"按钮，在号型栏下单击输入本床要放入的每一种号型的数量，还可继续增加，直至分床完毕→在文件名栏下输入文件名或单击"生成文件名"按钮，系统自动生成文件名→单击"浏览"按钮，弹出对话框，选定存盘路径，单击"确定"按钮→回到母对话框，单击"保存"即完成分床。

分床后单击"打开"命令，打开其中一个分床文件，就会发现在尺码表中，所选号型已被分在一床中，运用适合的排料方式排料，再单击"保存"命令，完成本床排料。

 注意：

面料分床后，里料不会跟着一起分床排料，需要在分床前排料文件中的布料工具的下拉菜单中选择里料，再进行单独排料。

3. 排料结果

总床数							
床1	裁片数		放置数		层数		利用率
床2	裁片数		放置数		层数		利用率

工作笔记

第一章

裙子制图

工作笔记

实施过程监控

小组评价考核表

姓名				组别	
学习任务				时间	

序号	项目	配分	评分标准	自评得分	组长评分
1	实训前准备	10	1. 是否按 6S 管理准备好相关工具； 2. 是否课前准时到实训场地准备		
2	小组讨论及配合	20	1. 是否参加小组讨论； 2. 是否配合小组安排		
3	实训过程	40	1. 制图不正确，每个知识点扣 2 分； 2. 未能在规定时间内完成任务扣 10 分		
4	团队意识	20	是否参与小组合作、服从组长安排		
5	文明操作	5	1. 操作不规范及野蛮操作每次扣 1 分； 2. 存在安全隐患直接扣 5 分		
6	清理现场摆放工具	5	按 6S 管理清理现场，酌情扣分，扣完为止		
	合计	100			

过程评价表

评价内容	评价指标	权重	得分	总分
任务完成情况	1. 小组是否安全操作	20%		
	2. 任务完成质量			
	3. 小组在完成任务过程中所起的作用			
专业知识	1. 是否掌握西裙的结构设计要点	60%		
	2. 是否掌握使用 DGS 绘制西裙的技术			
	3. 是否能用 DGS 系统对西裙进行放码			
	4. 是否掌握排料的基本方法和原则			
	5. 是否能用 GMS 系统进行排料			

续表

评价内容	评价指标	权重	得分	总分
职业素养	1. 学习态度：积极主动参与学习	20%		
	2. 团队合作：小组成员分工合作			
	3. 现场管理：服从工位安排			
	4. 6S 管理			
综合评价与建议				

第二章　裤子制图

第一节　学习任务描述

一、任务制单

XX公司生产制单									
客户	HZTI	单号	2013002	下单日期	20131001	走板日期	20131010	走货期	20131103
款号	XK01	数量	100件						
颜色	色号	S	M	L	XL	合计			
黑色 BLACK	45	20	40	20	20	100			
车缝物料	1. 缝线：黑色 #45； 2. 衬：黑色 #45 粘合衬； 3. 拉链：黑色 18 厘米，塑料拉链							主布： 50% 羊毛、 50% 聚酯纤维 里布： 100% 聚酯纤维	
客户评语及注意事项	1. 所有尺寸跟回尺寸表要求； 2. 前里至裤脚上 15 厘米								
尺码	厘米计	S	M	L	XL	TOL	款式图	挂牌及唛头： 1. 主唛车于穿起计前左内腰，距前中 8 厘米 2. 说明唛车于主唛下	
规定尺寸	裤长（腰顶至脚）	95	98	101	104	0.5			
	腰围	64	68	72	76	0.5			

续表

规定尺寸	臀围（腰下17厘米）	90	94	98	102	0.5
	腰头宽	2	2	2	2	0

表头：XX 公司生产制单

备注	1. 为保证裁片的准确性，裁床最大铺料层数不能超过50层，请相关部门严格执行，保证产品质量； 2. 前后中骨要熨烫到位； 3. 前里照片

主管：××　　　跟单：××　　　制单：××　　　日期：××

✂ 二、学习目标

（1）读取裤子制单资料并安排生产；
（2）掌握西裤的制图方法，CAD 制板、放码和排料的基础知识以及操作步骤。

✂ 三、任务说明

在本学习与工作任务中，你与你的小组应该完成如下工作：
（1）读取制单资料。包括制单上的客户资料、尺寸资料、款式、缩水率、客户评语等。
（2）西裤结构设计。包括西裤的前后片、腰头、袋布、袋贴等的制图。
（3）富怡 CAD 的 DGS 系统完成制板。包括工具的调整以及比拼行走等工具的运用。
（4）样板检查与修正。包括对样板尺寸、裁片数量、板型和纸样资料的检查修正。
（5）西裤放码的基本原理。包括西裤长度、围度等部位尺寸的档差分配。
（6）富怡 CAD 完成西裤点放码。利用放码工具栏、复制粘贴等命令，提高放码速度。
（7）富怡 CAD 完成西裤排料。包括唛架的设置、文件导入、分床排料。

第一节 学习任务描述

工作环节学时分配如表 2-1 所示。

表 2-1 学时分配

序号	工作环节	建议学时数
1	接受任务	0.5
2	西裤结构设计	1.5
3	富怡 CAD 的 DGS 系统完成制板	4
4	样板检查与修正	2
5	西裤放码的基本原理	6
6	富怡 CAD 完成西裤点放码	2
7	富怡 CAD 完成西裤排料	2
	合计	18

第二节 接受任务

一、工作要求

在本学习与工作环节中,你与你的小组应该完成如下工作:
(1)小组分工:确定纸样主管和纸样师。
(2)读取制单资料:包括客户资料、尺寸资料、款式、缩水率、客户评语。
(3)讨论制图要点:包括省位、褶位的设定等。

二、实施建议

(1)小组分工,选定纸样主管。
(2)讨论制单内的信息对制板的影响,以及如何制作。
(3)将客户评语中涉及纸样制作部分的内容用颜色标注好。

第三节 结构设计

一、工作要求

西裤作为女装裤装的基本样式,是裤子变款的基础样式。
在本学习与工作环节中,你与你的小组应该完成如下工作:
(1)通过查阅资料,掌握基础西裤的结构设计原理。
(2)纸样资料标注齐全:包括缝份、剪口、布纹线及文字标注等。
(3)绘制1∶5西裤结构制图(每个人独立完成)。

二、实施建议

1. 分析西裤款式特点及结构设计要点

西裤款式特点:直筒裤,直腰头,前幅两侧有斜插袋,前幅里至膝盖下,如图2-1所示。
结构设计要点:制图方法同基础西裤,前幅里缩短至膝盖下,无后里。

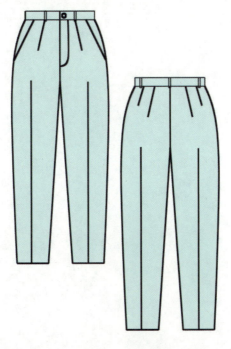

图 2-1 款式图

裤子制图

2. 纸样资料的完善

纸样资料包括缝份、剪口、布纹线及文字标注等。
西裤缝份的加放：脚口4厘米，其他部位1厘米。
剪口：腰省处、臀侧点、底摆反折处、拉链止口。
布纹线上标注：客户＋款号。
布纹线下标注：码数＋纸样名＋纸样数量。

3. 西裤结构设计

制图区								
制图号型				制图比例				
制图尺寸								
裤长		腰围		臀围		腰头宽		
拉链长								

第三节 结构设计

制图区

第二章

裤子制图

第四节
富怡 CAD V8 系统完成制板

✂ 一、工作要求

在本学习与工作环节中,你与你的小组应该完成如下工作:

(1)利用智能笔工具完成结构设计。尽量利用智能笔的快捷键操作,实现工具切换,提高制图速度。利用调整工具进行调整。

(2)利用纸样工具栏的比拼行走工具检查纸样并添加对位剪口以及完善纸样资料。

✂ 二、实施建议

▶ 1. 制图步骤

绘制前幅基础线(上平线、横裆线、烫迹线、臀围线、膝围线、脚围线)→绘制前幅轮廓线→复制前幅,在前幅的基础上绘制后幅→小部件(门襟、里襟、袋贴、嵌线布、袋布、耳仔、腰头)→裁剪,命名→复制前幅纸样,制作前里。

▶ 2. 调整设置

调整布纹线方向,设置布纹线上显示文字,按要求添加缝份、省、省尖钻孔等。

▶ 3. V 形省

在纸样边线上增加或修改 V 形省,也可以把在结构线上加的省用该工具变成省图元。完成后需要修改省时,可以选中该工具,将光标移至 V 形省上,省线变色后单击右键,即可弹出"尖省"对话框。

操作:

1)纸样上有省线的情况

(1)用该工具在省线上单击,弹出"尖省"对话框;
(2)选择合适的选项,输入恰当的省量;
(3)单击"确定"按钮后,省合并起来;
(4)此时,用该工具调整省底,满意后单击右键即可。

2）纸样上无省线的情况

（1）用该工具在边线上单击，先定好省的位置；
（2）拖动鼠标单击，弹出"尖省"对话框；
（3）选择合适的选项，输入恰当的省量；
（4）单击"确定"按钮后，省合并起来；
（5）此时，用该工具调整省底，满意后单击右键即可。

4. 比拼行走工具

当一个纸样的边线在另一个纸样的边线上行走时，纸样工具栏内的比拼行走工具可调整内部线对接是否圆顺，也可以加剪口。

操作方法

（1）单击纸样1上的A点，拖动至纸样2的B点，纸样1就会拼在纸样2上。（比拼时，需先将结构线与纸样分离，否则选择点时会选到结构线上的点，纸样点无法被选到。）
（2）继续单击纸样边线，纸样1就在纸样2上行走，此时可以打剪口，也可以调整辅助线。
（3）最后单击右键完成操作。

第二章 裤子制图

第五节
样板检查和修正

一、工作要求

头板制作完成后，经过制作确认尺寸工艺满足客户要求后，再进行放码排料、大货生产。根据最终确定的纸样文件，填写纸样清单。

二、实施建议

（1）所有纸样师把所制作纸样发给纸样主管进行审核，纸样主管从纸样资料的完整性、款式、尺寸等方面对纸样进行检查，纸样师根据主管所提意见进行修改，修改过后再提交给主管，主管安排板房车间生产制作样板，由跟单将样板寄给客户，客户确认后填写客户评语。

（2）纸样师根据客户评语进行修改，待客户确认后，准备放码排料制作大货样。

纸样清单

客户：		款号：	
纸样员：		日期：	
序号	纸样名称	布料类型	数量
1			
2			
3			
4			
5			
6			
7			
8			
9			
10			

续表

客户：		款号：	
纸样员：		日期：	
11			
12			
13			
14			

第二章 裤子制图

第六节 放码量计算

一、工作要求

西裤放码推板,根据制单尺寸要求,计算每个关键部位的放码量。

二、实施建议

1. 西裤放码原理

裤子放码时,比较常见的方法是横裆的上下和裤中线的左右均不推移、放缩。但不同企业纸样师傅的放码习惯不一定相同,有的企业选择腰线或臀围线作为不动线,但放码原理都是相通的。西裤各部位的放码量计算如下:

1)上裆

取上裆规格档差数值作纵差,在腰围线处放码。

2)裤长

裤长规格档差在腰围线和裤口两端放码,上裆档差在腰缝处放码,余数在裤口放码。

3)前腰围

取1/4腰围规格档差数值作横差,取上裆深档差数值作纵差,两边放码。侧缝一边偏多,前缝一边偏少。

4)前臀围

取1/3上裆档差数值作纵差,取1/4臀围规格档差数值作横差,两边放码。侧缝一边偏多,前缝一边偏少。

5)前横裆

取1/2横裆规格档差数值作横差(纵差为零),两边均等放码(前横裆略减,后横裆略加)。

放码量计算

6）前裤口

取裤长规格档差减上裆档差数值作纵差，取1/2前裤口规格档差作横差，两边均等放码。

7）前中裆

取1/2（裤长规格档差减上裆档差）数值作纵差，取横裆档差数值作横差，两边均等放码。

8）后腰围

取1/4腰围规格档差数值作横差，取上裆深档差作纵差。在侧缝边多放缩或全放码，在后缝一边少放码或不放码。

9）后臀围

取1/3上裆档差数值作纵差，取1/4臀围规格档差数值作横差，两边放码。侧缝一边偏多，后缝一边偏少。

10）后横裆

取1/2横裆规格档差数值作横差，纵差为零，两边均等放码。

11）后裤口

取裤长规格档差减上裆档差数值作纵差，取1/2后裤口规格档差作横差，两边均等放码。

12）后中裆

取1/2裤长规格档差减上裆档差数值为纵差，取后横裆档差数值为横差，两边均等放码。

13）小部位

如省道，取相应部位数值计算、推档。

第二章

裤子制图

2. 西裤放码量计算

放码量计算区

第七节
富怡 CAD 完成放码

一、工作要求

利用点放码工具，对西裤纸样裁片各放码点输入放码量，进行放码。

二、实施建议

西裤点放码注意事项：相同放码量的点，框选放码；充分利用点放码工具栏的复制、粘贴命令，提高放码速度；放码完成后，用比较长度工具测量各重点部位的尺寸是否满足制单要求。

第八节 西裤排料原理

一、工作要求

（1）熟练掌握单色混码排料的基本工作方法。
（2）熟悉企业裁床生产能力要求，裁床最大铺料层数不超过50层。

二、实施建议

（1）计算本章的各码数生产量。
（2）设计排料方案。

第九节
富怡 CAD 完成排料

✂ 一、工作要求

（1）根据企业裁床生产标准，设定铺料层数。
（2）西裤纸样包含面料和里料两种面料类型，需将面料和里料的纸样进行分离，单独排料。

✂ 二、实施建议

（1）设定唛架，唛架长 6 000 毫米，宽 1 500 毫米。设定铺料层数，载入西裤款式文件。
（2）根据布料分离纸样，设定保存路径。
（3）根据布料分离样片（文档菜单下的命令）。其用于将当前唛架文件根据布料分为多床唛架文件保存。单击该命令后，弹出"根据布料分离样片"对话框，选定保存路径，单击"确定"按钮。
（4）分别用面料和里料进行排料，以"客户名＋款号＋布料类型"命名保存。
（5）纸样选择。唛架工具栏里的纸样选择工具，用于选择及移动纸样。

操作

①选择一个纸样：用纸样选择工具单击一个纸样。
②选择多个纸样：用纸样选择工具在唛架的空白处拖动，使要选择的纸样包含在一个虚线矩形框内，释放鼠标；或按住 Ctrl 键逐个单击所选纸样。
③框选多个纸样：一次框选尺码表内的纸样，拖动，可以是全部也可以是某个样处片的某个号型，单击右键，则可以将框选的纸样自动排料。
④移动：用纸样选择工具单击纸样，按住鼠标，拖到所需位置处释放鼠标即可。用该工具在纸样上按住右键向目标方向拖动并松手，选中纸样即可移至目标位置。
⑤单击右键：纸样份数为偶数，属性为对称，当放在工作区的纸样少于该纸样总数的一半时，用右键单击纸样，纸样会旋转 180 度，再单击右键纸样翻转，再单击右键，旋转 180 度，再单击右键，纸样翻转。

（6）排料常用快捷键。
空格键：工具切换（在纸样选择工具选中状态下，空格键为放大工具与纸样选择工具的切换键；在其他工具选中状态下，空格键为该工具与纸样选择工具的切换键）。
F4：将选中样片的整套样片旋转 180 度。

F5：刷新。

Delete：移除所选纸样。

双击：双击唛架上选中的纸样可将选中纸样放回到纸样窗内；双击尺码表中某一纸样，可将其放于唛架上。

方向键：可将唛架上选中纸样向上移动"↑"、向下移动"↓"、向左移动"←"、向右移动"→"，移动一个步长，无论纸样是否碰到其他纸样。如果纸样呈未填充状态，则表示纸样有重叠。

（7）排料结果。

总床数									
床1	裁片数		放置数		层数		利用率		
床2	裁片数		放置数		层数		利用率		

工作笔记

第九节 富怡CAD完成排料

工作笔记

第二章
裤子制图

实施过程监控

小组评价考核表

姓名				组别	
学习任务				时间	
序号	项目	配分	评分标准	自评得分	组长评分
1	实训前准备	10	1.是否按6S管理准备好相关工具； 2.是否课前准时到实训场地准备		
2	小组讨论及配合	20	1.是否参加小组讨论； 2.是否配合小组安排		
3	实训过程	40	1.制图不正确，每个知识点扣2分； 2.未能在规定时间内完成任务扣10分		
4	团队意识	20	是否参与小组合作、服从组长安排		
5	文明操作	5	1.操作不规范及野蛮操作每次扣1分； 2.存在安全隐患直接扣5分		
6	清理现场摆放工具	5	按6S管理清理现场，酌情扣分，扣完为止		
	合计	100			

过程评价表

评价内容	评价指标	权重	得分	总分
任务完成情况	1.小组是否安全操作 2.任务完成质量 3.小组在完成任务过程中所起的作用	20%		
专业知识	1.是否掌握西裤的结构设计要点 2.是否掌握使用DGS绘制西裤的技术 3.是否能用DGS系统对西裤进行放码 4.是否掌握排料的基本方法和原则 5.是否能用GMS系统进行排料	60%		

续表

评价内容	评价指标	权重	得分	总分
职业素养	1. 学习态度：积极主动参与学习	20%		
	2. 团队合作：小组成员分工合作			
	3. 现场管理：服从工位安排			
	4. 6S 管理			
综合评价与建议				

第三章 短袖女衬衫制图

第一节 学习任务描述

一、任务制单

XX 公司生产制单										
客户	HZTI	单号	2013003	下单日期	20131110	走板日期	20131115	走货期	20131130	
款号	DXCS01	数量	200 件							
颜色	色号	S	M	L	XL	合计				
紫色条	80	20	40	20	20	100				
蓝色条	45	20	40	20	20	100				
车缝物料	1. 缝线：白色 #001； 2. 白色 #001 粘合衬； 3. 纽扣：10 号白色纽扣						主布： 50% 羊毛、 50% 聚酯纤维 里布： 100% 聚酯纤维			
客户评语及注意事项	1. 所有尺寸跟回尺寸表要求 2. 部分前门筒扣上纽扣后起波浪，注意纽扣位的确定； 3. 领尖有渗胶现象									
车花	20厘米　7.5厘米									

续表

XX公司生产制单								
尺码	厘米计	S	M	L	XL	TOL	款式图	
规定尺寸	衣长（后中量）	56	58	60	62	0.5		挂牌及唛头： 1. 主唛和尺码唛车于内上领线后中位； 2. 洗水唛和款号唛车于前底筒反面
	腰围	65	70	74	79	1		
	胸围	90	94	98	102	1		
	领围	36.2	37	37.8	38.6	0.5		
	袖长	24	25	26	27	0.5		
	肩宽	37	38	39	40	0.5		
备注								
主管：××		跟单：××			制单：××		日期：××	

✂ 二、学习目标

（1）掌握上装制单的要点。
（2）掌握短袖女衬衫的制图方法，CAD 制板、放码和排料的基础知识以及操作步骤。

✂ 三、任务说明

在本学习与工作任务中，你与你的小组应该完成如下工作：
（1）读取制单资料。包括制单上的客户资料、尺寸资料、款式、缩水率、客户评语等。
（2）短袖女衬衫结构设计。包括短袖女衬衫的前后片、领子、袖子等的制图。
（3）富怡 CAD 的 DGS 系统完成制板。包括上衣原型、衬衫领基本制图等。
（4）样板检查与修正。包括对样板尺寸、裁片数量、板型和纸样资料的检查修正。
（5）短袖女衬衫放码的基本原理。包括上装长度、围度等部位尺寸的档差分配。
（6）富怡 CAD 完成短袖女衬衫点放码。包括各码之间不同档差量的 X 或 Y 的不均等放码。
（7）富怡 CAD 完成短袖女衬衫排料。包括分色排料等。

第三章

短袖女衬衫制图

工作环节学时分配如表 3-1 所示。

表 3-1 学时分配

序号	工作环节	建议学时数
1	接受任务	0.5
2	短袖女衬衫结构设计	1.5
3	富怡 CAD 的 DGS 系统完成制板	4
4	样板检查与修正	2
5	短袖女衬衫放码的基本原理	6
6	富怡 CAD 完成短袖女衬衫点放码	2
7	富怡 CAD 完成短袖女衬衫排料	2
合计		18

第二节 接受任务

一、工作要求

在本学习与工作环节中,你与你的小组应该完成如下工作:
(1)小组分工:确定纸样主管和纸样师。
(2)读取制单资料:包括客户资料、尺寸资料、款式、客户评语。
(3)讨论制图要点:讨论上装制图重难点。

二、实施建议

(1)小组分工,选定纸样主管。
(2)讨论款式要点、分割线以及省的设计。
(3)将客户评语中涉及纸样制作部分的内容用颜色标注好。

第三节 短袖女衬衫结构设计

一、工作要求

短袖女衬衫作为女上装的基本款式，是女上装变款的基础。
在本学习与工作环节中，你与你的小组应该完成如下工作：
（1）通过查阅资料，掌握女上装基本原型的制图。
（2）在女上装基本原型的基础上，完成短袖女衬衫的结构设计。
（3）纸样资料标注齐全：包括缝份、剪口、布纹线及文字标注。
（4）绘制1∶5短袖女衬衫结构制图（每个人独立完成）。

二、实施建议

1. 分析短袖女衬衫款式特点及结构设计要点

短袖女衬衫款式特点：普通衬衫领，前中8粒纽扣，左前幅绣LOGO，收腰，圆弧下摆，短袖，如图3-1所示。

结构设计要点：制图方法同基础款短袖女衬衫，注意省量的分配。

图3-1 款式图

2. 纸样资料的完善

纸样资料包括缝份、剪口、布纹线及文字标注等。

短袖女衬衫缝份的加放：衣身脚口 2 厘米，袖口 2 厘米，其他部位 1 厘米。

剪口：前后中、腰围线、腰省处、胸省、前后袖窿对位点等。

布纹线上标注：客户 + 款号。

布纹线下标注：码数 + 纸样名 + 纸样数量。

3. 短袖女衬衫结构设计

制图区					
制图号型			制图比例		
制图尺寸					
衣长		腰围		胸围		领围	
袖长		肩宽					

第三章

短袖女衬衫制图

制图区

第四节
富怡 CAD 完成制板

一、工作要求

在本学习与工作环节中，你与你的小组应该完成如下工作：
（1）运用智能笔工具完成结构设计。
（2）运用纸样工具栏对短袖女衬衫裁片进行设计。包括前片添加胸省、后片和领子纸样对称等。

二、实施建议

1. 号型编辑

输入"尺码表""号型"→"号型编辑"。注意各码之间不同档差的部位尺寸。

2. 制图步骤

绘制女上装基本原型→女装衬衫→绘制省及完善相关纸样资料。

3. 锥形省

锥形省用于在纸样上加锥形省或菱形省。

操作方法

用富怡CAD依次单击省长两端点，再单击省宽点，弹出"锥形省"对话框，输入省量，单击"确定"按钮即可。

4. 纸样对称

纸样工具栏中的纸样对称工具，有关联对称纸样与不关联对称纸样两种功能，关联对称后的纸样，在其中一半纸样修改时，另一半也联动修改。不关联对称后的纸样，在其中一半的纸样上改动，另一半不会跟着改动。两种功能之间可以通过 Shift 键切换。

短袖女衬衫制图

操作方法

单击纸样对称轴两端，即可产生对称图形，如需取消纸样对称，用该工具按住对称轴不松手，按 Delete 键即可。

5. 钻孔

在纸样上加钻孔（扣位），修改钻孔（扣位）的属性及个数。

操作方法

（1）根据钻孔（扣位）的个数和距离，系统自动画出钻孔（扣位）的位置。用这种方式加上的钻孔，放码时需要一个一个地放。操作：用该工具单击前领深点，弹出"钻孔"对话框，输入偏移量、个数及间距，单击"确定"按钮即可。

（2）在线上加钻孔（扣位），系统会根据扣位的个数平均分配，放码时只放辅助线的首尾点即可。操作：用钻孔工具在线上单击，弹出"钻孔"对话框；输入钻孔的个数及距首尾点的距离，单击"确定"按钮即可。

第五节 样板检查和修正

一、工作要求

填写纸样清单，注意裁片的完整性。

二、实施建议

（1）上装的领子、袖窿曲线要特别注意合并后曲线的圆顺度。所有纸样师把所制作纸样发给纸样主管进行审核，纸样主管从纸样资料的完整性、款式、尺寸等方面对纸样进行检查，纸样师根据主管所提意见进行修改，修改过后再提交给主管，主管安排板房车间生产制作样板，由跟单将样板寄给客户，客户确认后填写客户评语。

（2）纸样师根据客户评语进行修改，待客户确认后，准备放码排料制作大货样。

纸样清单

客户：		款号：	
纸样员：		日期：	
序号	纸样名称	布料类型	数量
1			
2			
3			
4			
5			
6			
7			
8			
9			
10			

第三章

短袖女衬衫制图

续表

客户：		款号：	
纸样员：		日期：	
11			
12			
13			
14			

第六节 放码量计算

一、工作要求

掌握上装放码原理,并进行短袖女衬衫放码推板,根据制单尺寸要求,计算每个关键部位的放码量。

二、实施建议

1. 上装放码原理

比较常见的上装放码方法是胸围线上下,胸宽线、袖中线左右均不推移。各个企业的放码方法不尽相同,但放码原理是相通的。

1)袖窿深

取 1.5/10 胸围规格的档差数值加 0.1 作纵差,取 1/5 领大档差作横差,在颈肩点放码。(如果前门筒止口位置移动,则颈肩点横差 = 胸宽档差 −1/5 领大档差。)

2)衣长

放码时在上下两端放码。袖窿深档差在肩颈部放码。衣长规格档差减去袖窿深档差后,余下部分在下摆放码。

3)胸宽

取 1.5/10 胸围规格档差数值,在前门筒止口边放码。

4)前胸围

取 1/4 胸围规格档差的数值,两边进行放码。在止口边放码胸宽档差数,余数在侧缝一边放码。

5)前肩宽

取 1/2 肩宽规格档差数值,两边放码。在止口一边放码胸宽档差,余数在肩外侧放码。

第三章

短袖女衬衫制图

6）肩高

取袖窿档差数值减肩高档差数值（肩高档差等于 1/20 胸围规格档差，取此档差数值作纵差，取前肩宽档差数值，放码数作横差），在肩外侧肩高点放码。

7）前领口

取袖窿深档差数值减 1/5 领大规格档差数值作纵差，取前胸宽档差数值作横差，在前领点放码。

8）前腰节

取 1/4 腰围档差数值作横差，取腰节规格档差数值减袖窿深差数值作纵差，和胸围一样在止口和摆缝两边放码。

9）下摆

取衣长规格档差数值减袖窿档差数值作纵差，取胸围档差作横差。前衣片在下摆两边放码，后衣片只在摆缝一边放码。

10）后领口

取袖窿深档差数值减 0.05 作纵差，取 1/5 领大规格档差数值作横差，在后领点放码。

11）后肩宽

取 1/2 肩宽规格档差数值，在袖窿一边放码。

12）后背宽

取 1.5/10 胸围规格档差数值，在袖窿一边放码。

13）后胸围

取 1/4 胸围规格档差数值，全在侧缝一边放码（后背缝不放码）。

14）后腰节

取 1/4 腰围档差数值作横差，取前腰节纵差数值，全在侧缝一边放码（后背缝不放码）。

15）袖长

取袖长规格档差数值，在袖山和袖口两端放码。袖山深档差数值等于 1/10 胸围规格档差，在袖山高点放码，其余在袖口放码。

16）袖根肥

取 1/5 胸围规格档差数值减 0.1 作横差，袖窿两边放码。

17）袖口

取袖长规格档差数值减袖山深档差数值作纵差，取袖口规格档差数值作横差，两边放码。

18）其他小部位

如口袋、省道等，按照相应部位档差数值计算和放码。

2. 放码标明

在每个放码点处标明横、纵放码量，针对某些部位各码之间的档差不均等的情况，用颜色区分，清晰地标示出各码的放码量及放码方向。

放码量计算区

第三章

短袖女衬衫制图

第七节
富怡 CAD 完成放码

一、工作要求

利用点放码工具，对短袖女衬衫纸样裁片各放码点输入放码量，进行放码。

二、实施建议

（1）放码前，必须先进行号型编辑。至少要有两个码以上才能进行放码。

（2）该制单尺寸表中显示腰围的档差各码不相等，需要进行不均等放码。选择腰围放码点，在点放码表中逐个输入每个档差，然后选择 X 不等距或 Y 不等距或 XY 不等距。

（3）放码完成后，需要对关键部位的尺寸进行测量，确定满足客户制单要求。

第八节 排料方案的制定

一、工作要求

制定混色混码最优排料方案，满足企业的生产要求。

二、实施建议

1. 混色混码排料方案的制定

混色混码排料方案的制定原则：
（1）一张排料图中每种颜色的件数的比例要相等；
（2）当每种颜色的件数一样时，可只用一种排料方案，层数平均即可；
（3）所有颜色的层数相加≤最大可拉层数。

2. 设计排料方案

第三章
短袖女衬衫制图

第九节
富怡 CAD 完成排料

一、工作要求

利用 GMS 系统，根据裁床要求对短袖女衬衫纸样裁片制作唛架文件。

二、实施建议

（1）设定唛架，载入短袖女衬衫款式文件。

（2）如果每个颜色对应的码数和生产数量完全一样，则可以只按其中一个颜色进行排料，其他颜色按这个相同唛架安排生产即可。如果各色之间对应的数量不一样，则需要进行分床排料。

（3）利用唛架工具栏，对自动排料结果进行优化，提高布料利用率，以"客户名+单号+款号+颜色类型"命名保存。

（4）"清除唛架"。

用唛架工具栏的清除唛架命令，可将唛架上所有纸样从唛架上清除，并将它们返回到纸样列表框。

操作

单击唛架工具匣 1 图标中"清除唛架"→弹出"提示"对话框，选"是"，则清除唛架上所有纸样；选"否"，则不清除。

（5）排料结果。

总床数								
床 1	裁片数		放置数		层数		利用率	
床 2	裁片数		放置数		层数		利用率	

第九节 富怡CAD 完成排料

工作笔记

实施过程监控

小组评价考核表

姓名			组别	
学习任务			时间	

序号	项目	配分	评分标准	自评得分	组长评分
1	实训前准备	10	1. 是否按 6S 管理准备好相关工具； 2. 是否课前准时到实训场地准备		
2	小组讨论及配合	20	1. 是否参加小组讨论； 2. 是否配合小组安排		
3	实训过程	40	1. 制图不正确，每个知识点扣 2 分； 2. 未能在规定时间内完成任务扣 10 分		
4	团队意识	20	是否参与小组合作，服从组长安排		
5	文明操作	5	1. 操作不规范及野蛮操作每次扣 1 分； 2. 存在安全隐患直接扣 5 分		
6	清理现场 摆放工具	5	按 6S 管理清理现场，酌情扣分，扣完为止		
	合计	100			

过程评价表

评价内容	评价指标	权重	得分	总分
任务完成情况	1. 小组是否安全操作	20%		
	2. 任务完成质量			
	3. 小组在完成任务过程中所起的作用			
专业知识	1. 是否掌握短袖衬衫的结构设计要点	60%		
	2. 是否掌握使用 DGS 绘制短袖衬衫的技术			
	3. 是否能用 DGS 系统对短袖衬衫进行放码			
	4. 是否掌握排料的基本方法和原则			
	5. 是否能用 GMS 系统进行排料			

续表

评价内容	评价指标	权重	得分	总分
职业素养	1. 学习态度：积极主动参与学习	20%		
	2. 团队合作：小组成员分工合作			
	3. 现场管理：服从工位安排			
	4. 6S 管理			
综合评价与建议				

第四章 长袖女衬衫制图

第一节 学习任务描述

一、任务制单

XX 公司生产制单										
客户	HZTI	单号	2013004	下单日期	20131201	走板日期	20131205	走货期	20131230	
款号	CXCS01	数量	160 件							
颜色	色号	S	M	L	XL	合计				
紫色条	80	10	30	10	10	60				
蓝色条	45	20	40	20	20	100				
车缝物料	1. 缝线：白色 #001； 2. 白色 #001 粘合衬； 3. 纽扣：10 号透明纽扣						主布： 50% 羊毛、 50% 聚酯纤维 缩水： 直：3%，横：2% 里布： 100% 聚酯纤维			
客户评语及注意事项	1. 所有尺寸跟回尺寸表要求； 2. 袖子太宽，袖子要修身一点； 3. 前下摆弧度要圆顺，不要太尖									
车花	20厘米　7.5厘米									

续表

尺码	厘米计	S	M	L	XL	TOL	款式图	
规定尺寸	衣长（后中量）	56	58	60	62	0.5		挂牌及唛头： 1. 主唛和尺码唛车于内上领线后中位； 2. 洗水唛和款号唛车于前底筒反面
	腰围	65	70	74	78	1		
	胸围	90	96	98	102	1		
	领围	36.2	37	37.8	38.6	0.5		
	袖长	50	52	54	55	0.5		
	肩宽	37	38	39	41	0.5		
	介英高	5	5	5	5	0.5		
备注								
主管：××		跟单：××			制单：××		日期：××	

二、学习目标

（1）在短袖款制作的基础上，进一步强化上装制图、放码、排料的基本方法。
（2）掌握长袖女衬衫的制图方法，CAD制板、放码和排料的基础知识以及操作步骤。

三、任务说明

在本学习与工作任务中，你与你的小组应该完成如下工作：
（1）读取制单资料。包括制单上的客户资料、尺寸资料、款式、缩水率、客户评语等。
（2）长袖女衬衫结构设计。包括长袖女衬衫的前后片、领子、袖子等的制图。
（3）富怡CAD的DGS系统完成制板。包括根据布料特点加放缩水率，袖叉及袖头等基本制图。

长袖女衬衫制图

（4）样板检查与修正。包括对样板尺寸、裁片数量、板型和纸样资料的检查，例如LOGO定位、省位标记、开叉标记等。

（5）长袖女衬衫放码的基本原理。包括上装长度、围度等部位尺寸的档差分配。

（6）富怡CAD完成长袖女衬衫点放码。包括完成各码之间不同档差量的X或Y的不均等放码。

（7）富怡CAD完成长袖女衬衫排料。包括分色分床排料。

工作环节学时分配如表4-1所示。

表4-1 学时分配

序号	工作环节	建议学时数
1	接受任务	0.5
2	长袖女衬衫结构设计	1.5
3	富怡CAD的DGS系统完成制板	1
4	样板检查与修正	0.5
5	长袖女衬衫放码的基本原理	0.5
6	富怡CAD完成长袖女衬衫点放码	1
7	富怡CAD完成长袖女衬衫排料	1
合计		6

第二节 接受任务

一、工作要求

在本学习与工作环节中,你与你的小组应该完成如下工作:
(1)小组分工:确定纸样主管和纸样师。
(2)读取制单资料:包括客户资料、尺寸资料、款式、缩水率、客户评语。
(3)讨论制图要点:主要是袖叉定位、缩水率的处理等。

二、实施建议

(1)小组分工,选定纸样主管。
(2)根据制单上每个信息量,讨论制板方法。
(3)将涉及纸样制作部分的内容用颜色标注好。

第三节
长袖女衬衫结构设计

一、工作要求

长袖女衬衫在短袖女衬衫的基础上,增加了缩水率的计算,袖叉和袖头的设计。
在本学习与工作环节中,你与你的小组应该完成如下工作:
(1)通过复习短袖女衬衫的制图,完成长袖女衬衫的前后身结构设计。要增加布料的缩水率。
(2)查阅相关资料,完成袖子的绘制。
(3)纸样资料标注齐全:包括缝份、剪口、布纹线、钻孔及文字标注等。
(4)绘制1∶5长袖女衬衫结构制图(每个人独立完成)。

二、实施建议

1. 分析长袖女衬衫款式特点及结构设计要点

长袖女衬衫款式特点:普通衬衫领,前中8粒纽扣,左前幅绣花,收腰,圆弧下摆,长袖,有袖叉,如图4-1所示。

结构设计要点:衣身制图方法同短袖女衬衫,制图要增加缩水率,长袖,袖口开叉。

图4-1 款式图

2. 纸样资料的完善

纸样资料包括缝份、剪口、布纹线、钻孔及文字标注等。
长袖女衬衫缝份的加放：衣身脚口 2 厘米，其他部位 1 厘米。
剪口：前后中、腰围线、腰省处、胸省、前后袖窿对位点、袖叉位等。
布纹线上标注：客户＋款号。
布纹线下标注：码数＋纸样名＋纸样数量。

 3. 长袖女衬衫结构设计

制图区							
制图号型				制图比例			
制图尺寸							
衣长		腰围		胸围		袖长	
肩宽							

第四章

长袖女衬衫制图

制图区

第四节
富怡 CAD V8 系统完成制板

一、工作要求

在本学习与工作环节中，你与你的小组应该完成如下工作：

（1）运用智能笔工具完成结构设计。运用合并调整工具，调整前后领围线、前后袖窿曲线的圆顺度。

（2）运用纸样工具栏对长袖女衬衫裁片进行设计。包括用缩水工具添加缩水率。

二、实施建议

1. 号型编辑

输入尺码表，号型→号型编辑。注意各码之间不同档差的部位尺寸。

2. 制图步骤

绘制女装衬衫前后身→绘制袖子→绘制零部件→绘制省及标注相关纸样资料。

3. 合并调整：快捷键 N

将线段移动旋转后调整，快捷键 N 常用于调整前后袖窿、下摆、省道、前后领口及肩点拼接处等。其适用于纸样、结构线（用于纸样时，只适用于纸样边线，内部线不可用）。

操作方法

依次点选或框选需要圆顺处理的曲线，单击右键结束；再依次点选或框选与曲线连接的线，如调整领围线，就分别单击前后肩线，单击右键结束，弹出对话框；需要调整的线段连接在一起，用左键可调整曲线上的控制点；如果调整公共点按 Shift 键，则该点在水平垂直方向移动，调整满意后，单击右键。

4. 缩水

根据面料对纸样进行整体缩水处理。针对选中线可进行局部缩水。

操作方法

（1）整体缩水操作：选中缩水工具；在空白处或纸样按钮上单击，弹出"缩水"对话框，选择缩水面料，选中适当的选项，输入纬向与经向的缩水率，单击"确定"按钮即可。

（2）局部缩水操作：单击或框选要局部缩水的边线或辅助线后单击右键，弹出"局部缩水"对话框；输入缩水率，选择合适的选项，单击"确定"按钮即可。

第五节 样板检查和修正

✂ 一、工作要求

根据最终确定的纸样文件,填写纸样清单。

✂ 二、实施建议

检查和修正时,注意衬衫领型的美观、衣身的合体程度。对样片进行修改,经过客户确认后,填写清单,保证裁片齐全,并做好推板准备。

纸样清单

客户:		款号:	
纸样员:		日期:	
序号	纸样名称	布料类型	数量
1			
2			
3			
4			
5			
6			
7			
8			
9			
10			
11			
12			
13			
14			

第六节 放码量计算

一、工作要求

长袖女衬衫放码推板,根据制单尺寸要求,计算每块裁片对应放码点的放码量。

二、实施建议

(1)前后身放码方法同短袖女衬衫放码方法。
(2)袖长及袖肥的放码同短袖,袖叉的位置根据袖子的放码量相应推放。
(3)在每个放码点处标明横纵放码量,针对某些部位各码之间的档差不均等的情况,用颜色区分,清晰地标示出各码放码量及放码方向。

放码量计算区

第七节
富怡CAD完成放码

一、工作要求

利用点放码工具，对长袖女衬衫纸样裁片各放码点输入放码量，进行放码。利用放码工具栏内的平行放码工具，对袖叉条、袖头等裁片进行平行放码，提高放码效率。

二、实施建议

（1）放码前，必须先进行号型编辑。至少要有两个码以上才能进行放码。

（2）该制单尺寸表中显示腰围的档差各码不相等，需要进行不均等放码。选择腰围放码点，在点放码表中逐个输入每个档差，然后选择X不等距或Y不等距或XY不等距。

（3）放码完成后，需要对关键部位的尺寸进行测量，确定满足客户制单要求。

1. 长袖女衬衫点放码注意事项

放码完成后，用比较长度工具测量各重点部位的尺寸是否满足制单要求；对于曲度较大的部位，放码后用调整工具对个别码的曲线进行调整，保证曲线的圆顺度。

2. 放码档差

当每个码之间的档差数值不一样时，需要逐个输入每个档差，然后选择X不等距或Y不等距或XY不等距。

3. 平行放码

放码工具栏内的平行放码工具，用于对整条线段有相同的横向量或纵向量的裁片。操作方法：单击或框选边线段，单击右键，弹出"平行放码"对话框，单击"确定"按钮即可。

第四章

长袖女衬衫制图

第八节 排料方案的制定

一、工作要求

制定混色混码最优排料方案,满足企业的生产要求。

二、实施建议

1. 混色混码排料方案的制定

混色混码排料方案的制定原则:
(1)一张排料图中每种颜色的件数的比例要相等;
(2)当每种颜色的件数一样时,可只用一种排料方案,层数平均即可;
(3)所有颜色的层数相加≤最大可拉层数。

2. 设计排料方案

第九节
富怡 CAD 的 GMS 系统完成排料

一、工作要求

根据制单要求，该款有两种颜色以上，而且各颜色对应的码数不一样，需要进行多布号分床。分床后，再分别进行排料。

二、实施建议

1. 设定唛架

根据企业要求设定唛架，载入长袖女衬衫款式文件，设定各纸样参数。

2. 多布号分床

多布号分床用于将当前打开唛架根据布号，以套为单位，分为多床的唛架文件保存。

操作方法

（1）单击"文档"菜单→"新建"，设定唛架，载入纸样文件，单击"确定"按钮；
（2）单击"文档"菜单→"多布号分床"，弹出"多布号分床"对话框；
（3）单击"增加布号"按钮，添加所需布号；
（4）在每一种布号上输入排放的号型的套数；
（5）单击"自动分床"按钮，弹出"自动分床"选项框，根据需要设定内容，单击"确定"按钮，系统自动分好；
（6）在"文件名"栏下输入唛架名称或单击"自动生成文件名"按钮，系统会自动生成文件名；
（7）单击"浏览"按钮，弹出"浏览文件夹"对话框，选定存盘路径，单击"确定"按钮；
（8）回到母对话框，单击"保存"命令即完成分床。

3. 唛架工具栏内的各种纸样旋转命令

1）旋转限定

该命令是限制唛架工具 1 中依角旋转工具、顺时针 90° 旋转工具及键盘微调旋转的开关命令。
操作：单击"旋转限定"按钮，图标凹陷，系统将读取"纸样资料"对话框中"排样限

第四章 长袖女衬衫制图

定"中有关排料方向的设定，纸样布纹线为双向时，用纸样工具在纸样上单击右键，纸样可旋转180°；纸样布纹线为四向或任意时，用纸样工具在纸样上单击右键，纸样可旋转90°；再单击，图标凸起，纸样可用中点旋转工具、边点旋转工具随意旋转。

2）翻转限定

该命令用于控制系统是否读取"纸样资料"对话框中的是否"允许翻转"的设定，从而限制唛架工具匣1中"垂直翻转""水平翻转"工具的使用。

操作：单击翻转限定图标，图标凹陷，系统将读取"纸样"菜单→进行"纸样资料"对话框中"排样限制"中是否"允许翻转"的设定。再单击，图标凸起，非成对纸样可随意翻转。

3）旋转唛架纸样

在旋转限定工具凸起时，使用该工具对选中纸样设置旋转的度数和方向。

操作：选中纸样，单击唛架工具匣1图标或单击"纸样"菜单→"旋转唛架纸样"，弹出对话框，在对话框里输入旋转的角度，单击旋转方向，选中的纸样就会做出相应的旋转。

4）顺时针90°旋转

"纸样"→"纸样资料"→"纸样属性"，排样限定选项点选的是"四向"或"任意"时，或虽选其他选项，当旋转限定工具凸起时，可用该工具对唛架上选中纸样进行90°旋转。

操作：选中纸样，单击图标或单击右键，都可完成90°旋转。

5）水平翻转

"纸样"→"纸样资料"→"纸样属性"的排样限定选项的是"双向"、"四向"或"任意"，并且勾选"允许翻转"时，可用该命令对唛架上选中纸样进行水平翻转。

操作：选中纸样，单击图标即可完成唛架纸样水平翻转。

6）垂直翻转

"纸样"→"纸样资料"→"纸样属性"的排样限定选项中的"允许翻转"选项有效时，可用该工具对纸样进行垂直翻转。

操作：选中纸样，单击图标可完成唛架纸样垂直翻转。

4. 唛架工具栏使用

利用唛架工具栏，对自动排料结果进行优化，提高布料利用率，以"客户名＋单号＋款号＋颜色类型"命名、保存。

5. 排料结果

总床数								
床 1	裁片数		放置数		层数		利用率	
床 2	裁片数		放置数		层数		利用率	

工作笔记

实施过程监控

小组评价考核表

姓名			组别	
学习任务			时间	

序号	项目	配分	评分标准	自评得分	组长评分
1	实训前准备	10	1. 是否按 6S 管理准备好相关工具； 2. 是否课前准时到实训场地准备		
2	小组讨论及配合	20	1. 是否参加小组讨论； 2. 是否配合小组安排		
3	实训过程	40	1. 制图不正确，每个知识点扣 2 分； 2. 未能在规定时间内完成任务扣 10 分		
4	团队意识	20	是否参与小组合作、服从组长安排		
5	文明操作	5	1. 操作不规范及野蛮操作每次扣 1 分； 2. 存在安全隐患直接扣 5 分		
6	清理现场摆放工具	5	按 6S 管理清理现场，酌情扣分，扣完为止		
	合计	100			

过程评价表

评价内容	评价指标	权重	得分	总分
任务完成情况	1. 小组是否安全操作	20%		
	2. 任务完成质量			
	3. 小组在完成任务过程中所起的作用			
专业知识	1. 是否掌握长袖衬衫的结构设计要点	60%		
	2. 是否掌握使用 DGS 绘制长袖衬衫的技术			
	3. 是否能用 DGS 系统对长袖衬衫进行放码			
	4. 是否掌握排料的基本方法和原则			
	5. 是否能用 GMS 系统进行排料			

续表

评价内容	评价指标	权重	得分	总分
职业素养	1. 学习态度：积极主动参与学习	20%		
	2. 团队合作：小组成员分工合作			
	3. 现场管理：服从工位安排			
	4. 6S 管理			
综合评价与建议				

第五章 女西装制图

第一节 学习任务描述

一、任务制单

XX 公司生产制单										
客户	HZTI	单号	2013005	下单日期	20131215	走板日期	20131218	走货期	20131230	
款号	XZ01	数量	100 件							
颜色	色号	S	M	L	XL	合计				
BLACK	45	20	40	20	20	100				
车缝物料	1. 缝线：黑色 #045； 2. 黑色 #045 粘合衬； 3. 纽扣：12 号黑色圆孔纽扣						主布： 100% 聚酯纤维 里布： 100% 聚酯纤维			
客户评语及注意事项	1. 所有尺寸跟回尺寸表要求； 2. 前身胸部挺括，面里衬服贴； 3. 前下摆弧度要圆顺，不要太尖									
尺码	英寸[①]计	S	M	L	XL	TOL	款式图			
规定尺寸	衣长（后中量）	23 5/8	24 7/16	25 3/16	26	1/2				
	腰围	28 3/8	29 15/16	31 1/2	33 1/16	1/2				

---

① 1 英寸 = 2.54 厘米。

续表

							款式图	
尺码	英寸计	S	M	L	XL	TOL		
规定尺寸	胸围	35 7/16	37	38 9/16	40 3/16	1/2		
	袖长	20 1/4	20 1/2	20 1/16	20 7/8	1/4		
	肩宽	14 9/16	14 15/16	15 3/8	15 3/4	1/4		
备注	袋位及纽扣间距（3 1/2"、3 13/16"）							
主管：××		跟单：××		制单：××			日期：××	

✂ 二、学习目标

（1）女西装是冬装上装的基本款式，熟练掌握西装制图。
（2）以英寸为单位，进一步熟练掌握英寸制图方法。

✂ 三、任务说明

在本学习与工作任务中，你与你的小组应该完成如下工作：

（1）读取制单资料。包括制单上的客户资料、尺寸资料、款式、缩水率、客户评语等，熟记英寸与厘米的换算关系。

（2）女西装结构设计。裁片较多，注意裁片的完整性。

（3）富怡CAD的DGS系统完成制板。掌握读图仪的使用方法，并熟练运用对称调整工具绘制西装领、旋转工具合并省等。

（4）样板检查与修正。包括对样板尺寸、裁片数量、板型和纸样资料的检查。

（5）女西装放码的基本原理。根据分割线的设计，计算放码量。

（6）富怡CAD完成女西装点放码。

（7）女西装排料的基本原理。

（8）富怡CAD完成女西装排料。

第五章 女西装制图

工作环节学时分配如表 5-1 所示。

表 5-1 学时分配

序号	工作环节	建议学时数
1	接受任务	0.5
2	女西装结构设计	3.5
3	富怡 CAD 的 DGS 系统完成制板	4
4	样板检查与修正	1
5	女西装放码的基本原理	4
6	富怡 CAD 完成女西装点放码	3
7	女西装排料的基本原理	1
8	富怡 CAD 完成女西装排料	1
	合计	18

第二节 接受任务

一、工作要求

在本学习与工作环节中,你与你的小组应该完成如下工作:

(1)小组分工:确定纸样主管和纸样师。
(2)读取制单资料:包括客户资料、尺寸资料、款式、缩水率、客户评语。
(3)能进行英寸与厘米之间的快速换算。

二、实施建议

(1)小组分工,选定纸样主管。
(2)将客户评语中涉及纸样制作部分的内容用颜色标注好。
(3)熟记英寸与厘米之间的换算公式,如图 5-1 所示。

1 厘米 ≈ 0.39 英寸;1 英寸 =2.54 厘米。

(英寸不同于市寸,1 市寸 =3.33 厘米 =1.3123 英寸)

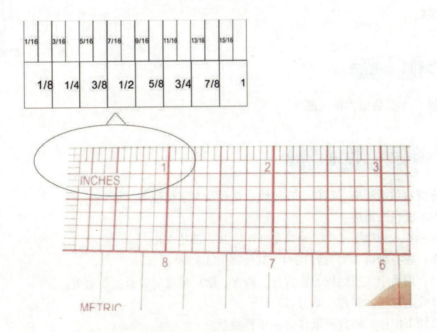

图 5-1 英寸单位图示

第三节 结构设计

一、工作要求

在本学习与工作环节中,你与你的小组应该完成如下工作:
(1)通过查阅相关资料,完成女西装的基本制图。
(2)纸样资料标注齐全:包括缝份、剪口、布纹线、钻孔及文字标注等。
(3)绘制1:1女西装结构制图(每个人独立完成),注意裁片的完整性。

二、实施建议

1. 分析女西装款式特点及结构设计要点

女西装款式特点:三粒扣女西装,平驳头,公主线分割,两片式合体袖,前幅各有一明贴袋,圆角下摆,如图5-2所示。

结构设计要点:基本女西装款,注意分割线线条的圆顺和美观。

图5-2 款式图

2. 绘制

绘制1:1服装结构设计图。

3. 纸样资料的完善

纸样资料包括缝份、剪口、布纹线、钻孔及文字标注等。
女西装缝份的加放:
面布:衣身脚口1寸半,袖口1寸半,其他部位3/8。
里布:衣身脚口3/4,袖口3/4,其他部位3/8。
剪口:前后中、腰围线、腰省处、胸省、前后袖窿对位点、折边等。
布纹线上标注:客户+款号。
布纹线下标注:码数+纸样名+纸样数量。

第四节
富怡 CAD V8 完成制板

一、工作要求

在本学习与工作环节中，你与你的小组应该完成如下工作：

（1）利用读图仪，将 1∶1 女西装纸样输入电脑。

（2）利用 V8 软件对读图纸样进行调整修改。运用圆角工具绘制明贴袋圆角；运用对称调整工具调整、修顺西装领型，运用旋转工具合并腋下省。

（3）运用纸样工具栏对女西装裁片进行设计。用衬工具绘制衬样以及相关图元的标注。

二、实施建议

1. 号型编辑

输入"尺码表""号型"→"号型编辑"。注意各码之间不同档差的部位尺寸。

2. 修改制图单位

菜单栏"选项"→"系统设置"→"长度单位"→度量单位选择英寸，勾选英寸分数格式，然后在下拉菜单中选择 1/16。

3. 制图步骤

用读图仪读图→完善纸样资料→保存。

4. 数字化仪

数字化仪，也叫读图仪，是一种电脑输入设备，它能将各种图形根据坐标值准确地输入电脑，并能通过屏幕显示出来。本章节讲述的内容以富怡公司的数字化仪为例。一般情况下，基码通常是指中间码而不是绝对的中码，例如：S、M、L、XL、XXL、3XL、4XL，企业通常会采用生产件数最多的那个码为基码或中间码 XL 而不是中码 M 码。读放码纸样则不同，为了使读图方便，通常选择小码 S 为基码。

1）数字化仪安装步骤

关闭计算机和数字化仪电源→把数字化仪的串口线与计算机连接（见图5-3，第一条黑色线为电源线，第二条线和第三条线分别为十六键鼠标线和数字化仪的串口线）→打开计算机查看电脑属性中的通信端口（右键单击桌面计算机图标，查看属性）→单击CAD制版软件，打开文档菜单下的数化板设置，端口必须与电脑端口一致→打开数字化仪电源开关（面板后面）。数字化安装完成。

注意事项：

（1）禁止在计算机或数字化仪开机状态下插拔串口线；
（2）接通电源开关之前，确保数字化仪处于关机状态；
（3）连接电源的插座应良好接触。

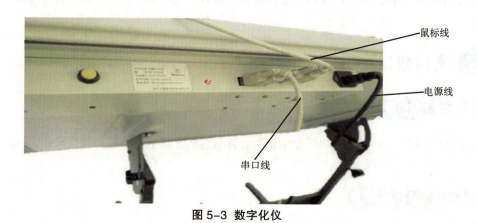

图5-3 数字化仪

2）十六键鼠标的操作说明

十六键鼠标，如图5-4所示，各键的预置功能如表5-2所示。

图5-4 十六键鼠标

表 5-2　十六键鼠标键盘功能

1 键	直线放码点	2 键	闭合/完成	3 键	剪口点
4 键	曲线非放码点	5 键	省/褶	6 键	打孔
7 键	曲线放码点	8 键	钻孔（十字叉外加圆圈）		
9 键	眼位	0 键	圆	A 键	直线非放码点
B 键	读新纸样	C 键	撤销	D 键	布纹线
E 键	放码	F 键	辅助键（用于切换）		

3）"读纸样"对话框参数说明（见图 5-5）

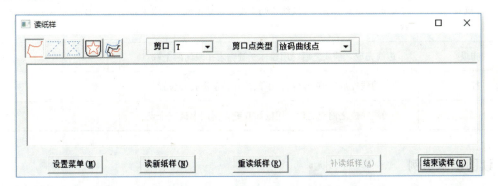

图 5-5　"读纸样"对话框

"剪口"下拉框中有多种剪口类型供选择，选中的为读图时显示的剪口类型，"剪口点类型"后的下拉框中有四种点类型供选择（如图 5-5 所示，选择的为"放码曲线点"），那么读到在放码曲线点上的剪口时，直线用鼠标 3 键即可。

"设置菜单（M）"：当第一次读纸样或菜单被移动时，需要设置菜单。操作：把"菜单"贴在数化板有效区的某边角位置，单击该命令，选择"是"后，用鼠标 1 键依次单击菜单的左上角、左下角、右下角即可。

"读新纸样（N）"：当读完一个纸样时，单击该命令，被读纸样放回纸样列表框，可以再读另一个纸样。

"重读纸样（R）"：读纸样时，如错误步骤较多，则用该命令重新读纸样。

"补读纸样（A）"：当纸样已放回纸样窗时，单击该按钮可以补读，如剪口、辅助线等；操作：选中纸样，单击该命令，选中纸样就显示在对话框中，再补读未读元素。

"结束读样（E）"：用于关闭读图对话框。

4）读图步骤

（1）用胶带把纸样粘贴固定在数化板上；

（2）单击 图标，弹出"读纸样"对话框，用数化板的鼠标的"+"字准星对准需要输入的点（参见十六键鼠标各键的预置功能），按顺时针方向依次读入边线各点，按 2 键纸样闭合；

第五章 女西装制图

（3）这时会自动选中开口辅助线 ▨（如果需要输入闭合辅助线则单击 ▨，如果是挖空纸样则单击），根据点的属性按下对应的键，每读完一条辅助线或挖空一个地方或闭合辅助线，都要按一次鼠标2键。

（4）根据表5-2中的方法，读入其他内部标记：钻孔、扣位、扣眼、布纹线、圆、内部省：可以在读边线之前读，也可以在读边线之后读。

（5）单击对话框中的"读新纸样（N）"按钮，则先读的一个纸样出现在纸样列表内，"读纸样"对话框空白，此时可以读入另一个纸样。

（6）全部纸样读完后，单击"结束读样（E）"按钮。

纸样内部标记读图方法如表5-3所示。

表5-3 纸样内部标记读图方法

布纹线	布纹线边线完成之前或之后，按鼠标D键读入布纹线的两个端点。如果不输入布纹线，则系统会自动生成一条水平布纹	D ⟷
扣眼	边线完成之前或之后，用鼠标9键输入扣眼的两个端点	
打孔	边线完成之前或之后，用鼠标6键单击孔心位置	
圆	边线完成之前或之后，用鼠标0键在圆周上读三个点	

5）读图步骤示例

以女衬衫前片为例，读图顺序如图5-6所示。

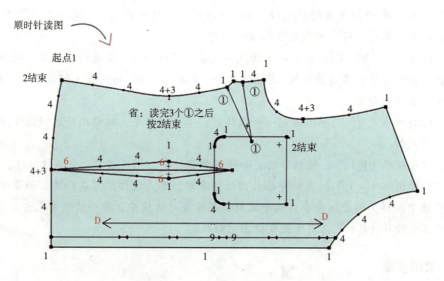

图5-6 女衬衫前片读图示例

5. "对称调整"快捷键 M

设计工具栏内调整组工具栏内的对称调整工具，用于纸样或结构线对称后调整，常用于对领的调整。

操作方法

单击或框选对称轴（或单击对称轴的起止点）；再框选或者单击要对称调整的线，单击右键；用该工具单击要调整的线，再单击线上的点，拖动到适当位置后单击；调整完所需线段后，单击右键结束。

6. "旋转"快捷键 Ctrl+B

设计工具栏内的旋转工具，用于旋转复制或旋转一组点或线，适用于结构线与纸样辅助线。

操作方法

单击或框选旋转的点、线，单击右键；单击轴心点，再单击任意点为参考点，拖动鼠标旋转到目标位置即可。旋转复制与旋转之间用 Shift 键来切换。

7. 圆角

设计工具栏内的圆角工具，用于在不平行的两条线上做等距或不等距圆角，用于制作西服前幅底摆，圆角口袋，适用于纸样、结构线。

操作方法

分别单击或框选要做圆角的两条线，在线上移动光标，此时按 Shift 键可在曲线圆角与圆弧圆角间切换，单击右键光标可切换切角保留和切角删除（ 为切角保留， 为切角删除）；再在弹出的对话框中输入适合的数据，单击"确定"按钮即可。

8. 做衬

纸样工具栏内的做衬工具，用于在纸样上做朴样、贴样。

女西装制图

操作方法

（1）在多个纸样上加数据相等的朴、贴：用该工具框选纸样边线后单击右键，在弹出的"衬"对话框中输入合适的数据即可。

（2）整个纸样上加衬：用该工具单击纸样，纸样边线变色，并在弹出的对话框中输入数值，单击"确定"按钮即可。

9. 修改两边线等长的切角

选中加缝份工具，按下 Shift 键，光标会变成 ，分别在靠近切角的两边上单击即可。其一般用于衣身分割线两边、大小袖两边切角修改。

第五节 样板检查和修正

一、工作要求

检查纸样的完整性、曲线的圆顺、裁片尺寸以及裁片内部图元的完整性,并按要求填写纸样清单。

二、实施建议

(1)核对裁片的完整性,填写清单。
(2)检查内部图元对应部位是否加了剪口。
(3)待客户确认后,做好推板放码的准备。

纸样清单

客户:		款号:	
纸样员:		日期:	
序号	纸样名称	布料类型	数量
1			
2			
3			
4			
5			
6			
7			
8			
9			
10			
11			
12			
13			
14			

第六节 放码量计算

一、工作要求

女西装放码推板,根据制单尺寸要求,计算每块裁片对应放码点的放码量。

二、实施建议

(1)首先确定裁片的不动点。
(2)计算和分配英寸档差。
(3)先不考虑分割线,把前/后片都当成一整片,整体根据档差进行纵、横向放码。放码方法参考上装放码原理。
(4)整体放完后,再进行分割线部分的推放。
(5)清晰地标示出各放码点的放码量及放码方向。

放码量计算区

第六节 放码量计算

放码量计算区

第七节
富怡CAD完成放码

一、工作要求

利用点放码工具，完成女西装的放码。

二、实施建议

1. 女西装点放码注意事项

女西装裁片较多，对于同一部位的放码点，比如可以将面里衬所有裁片的腰围线同时选中放码，然后进行个别调整；相同放码量的点，框选放码；充分利用点放码工具栏的复制、粘贴命令。

2. 放码档差

当每个码之间的档差数值不一样时，需要逐个输入每个档差，然后选择X不等距或Y不等距或XY不等距。

第八节 女西装排料

一、工作要求

根据制单要求,完成女西装制单的排料。

二、实施建议

(1)确定企业制单要求,根据件数制定唛架文件。
(2)女西装的裁片布料类型较多,包括面料、里料、衬料,不同布料要分开排料。
(3)设计排料方案。

第九节 富怡CAD完成女西装排料

一、工作要求

根据制单要求,排料系统单位改为英寸排料,各种布料分开排料。

二、实施建议

(1)"单位选择":菜单栏里的"唛架"→"单位选择",将唛架单位的长度、宽度选为"英寸",单击"确定"按钮即可。在本制单中,唛架长度设置为230英寸,唛架宽度设置为78英寸。

(2)排料结果。

总床数									
床1	裁片数		放置数		层数		利用率	
床2	裁片数		放置数		层数		利用率	

工作笔记

第九节 富怡CAD完成女西装排料

工作笔记

实施过程监控

小组评价考核表

姓名			组别	
学习任务			时间	

序号	项目	配分	评分标准	自评得分	组长评分
1	实训前准备	10	1. 是否按 6S 管理准备好相关工具；2. 是否课前准时到实训场地准备		
2	小组讨论及配合	20	1. 是否参加小组讨论；2. 是否配合小组安排		
3	实训过程	40	1. 制图不正确，每个知识点扣 2 分；2. 未能在规定时间内完成任务扣 10 分		
4	团队意识	20	是否参与小组合作、服从组长安排		
5	文明操作	5	1. 操作不规范及野蛮操作每次扣 1 分；2. 存在安全隐患直接扣 5 分		
6	清理现场摆放工具	5	按 6S 管理清理现场，酌情扣分，扣完为止		
	合计	100			

过程评价表

评价内容	评价指标	权重	得分	总分
任务完成情况	1. 小组是否安全操作	20%		
	2. 任务完成质量			
	3. 小组在完成任务过程中所起的作用			
专业知识	1. 是否掌握女西装的结构设计要点	60%		
	2. 是否掌握使用 DGS 绘制女西装的技术			
	3. 是否能用 DGS 系统对女西装进行放码			
	4. 是否掌握排料的基本方法和原则			
	5. 是否能用 GMS 系统进行排料			

续表

评价内容	评价指标	权重	得分	总分
职业素养	1. 学习态度：积极主动参与学习	20%		
	2. 团队合作：小组成员分工合作			
	3. 现场管理：服从工位安排			
	4. 6S 管理			
综合评价与建议				

第六章 男西装制图

第一节 学习任务描述

一、任务制单

XX 公司生产制单										
客户	HZTI	单号	2013006	下单日期	20131201	走板日期	20131210	走货期	20131230	
款号	X202	数量	600 件							
颜色	色号	S	M	L	XL	合计				
格子布	03	100	300	100	100	600				
车缝物料	1.缝线：白色 #001； 2.衬：黑色 #45 粘合衬							主布： 毛涤混纺 里布： 聚酯纤维		
客户评语及注意事项	1.所有尺寸跟回尺寸表要求； 2.要求对条对格									
尺码	英寸计	S	M	L	XL	TOL	款式图			
规定尺寸	衣长（后中量）	28 3/8	29 1/8	29 15/16	30 11/16	1/2				

续表

XX 公司生产制单								
规定尺寸	胸围	41 5/16	42 15/16	44 1/2	46 1/16	1/2		
	腰围	37 3/8	39	40 9/16	42 1/8	1/2		
	肩宽	17 11/16	18 1/4	18 13/16	19 3/8	1/4		
	袖长	23 1/4	23 13/16	24 7/16	25	1/4		
备注				对条格				
主管：××			跟单：××			制单：××		日期：××

二、学习目标

（1）以男西装制单为例，掌握男西装的制图方法，CAD 制板、放码和排料的基础知识以及操作步骤。

（2）以英寸为单位，掌握英寸与厘米的转换，熟悉英寸制图方法。

（3）掌握对条对格的制板和排料方法。

三、任务说明

在本学习与工作任务中，你与你的小组应该完成如下工作：

（1）读取制单资料。包括制单上的客户资料、尺寸资料、款式、缩水率、客户评语等，掌握英寸与厘米的换算关系。

（2）男西装结构设计。包括男西装的分割线设计、里布设计、领袖口设计。

（3）富怡 CAD 的 DGS 系统完成制板。切换制图单位为英寸。

（4）样板检查与修正。包括对样板尺寸、裁片数量、板型和纸样资料的检查。

（5）男西装放码的基本原理。分割裁片，分配放码量。

（6）富怡 CAD 完成男西装点放码。

（7）男西装排料的基本原理。包括根据布料分离纸样类型排唛架。

（8）富怡 CAD 完成男西装排料。根据不同码数设置件套颜色，建立纸样与唛架文件关联，方便纸样修改，并进行对条对格排料，将最终确认的唛架利用绘图仪打印出来。

第六章　男西装制图

各工作环节学时分配如表 6-1 所示。

表 6-1　学时分配

序号	工作环节	建议学时数
1	接受任务	0.5
2	男西装结构设计	2.5
3	富怡 CAD 的 DGS 系统完成制板	4
4	样板检查与修正	2
5	男西装放码的基本原理	4
6	富怡 CAD 完成男西装点放码	2
7	富怡 CAD 完成男西装排料	3
合计		18

第二节 接受任务

一、工作要求

在本学习与工作环节中,你与你的小组应该完成如下工作:
(1)小组分工:确定纸样主管和纸样师。
(2)读取制单资料:包括客户资料、尺寸资料、款式、缩水率、客户评语。
(3)掌握英寸与厘米之间的换算公式。
(4)讨论制图要点:对条对格的对位。

二、实施建议

(1)小组分工,选定纸样主管。
(2)将客户评语中涉及纸样制作部分的内容用颜色标注好。
(3)该款式裁片数量多,先仔细观察样板,再确定裁片和分割线。

第三节 男西装结构设计

一、工作要求

在本学习与工作环节中,你与你的小组应该完成如下工作:
(1)通过查阅相关资料,完成男西装的基本制图。
(2)在运动型男西装的基础上,根据款式进行设计分割线的设计。
(3)纸样资料标注齐全:包括缝份、剪口、布纹线、钻孔及文字标注等。
(4)绘制男西装结构制图(每个人独立完成)。

二、实施建议

1. 分析男西装款式特点及结构设计要点

男西装款式特点:平驳头,前中二粒扣,圆角下摆,手巾袋,前片有两个有袋盖挖袋,大小袖,袖口4粒扣,如图6-1所示。

结构设计要点:分割线的设计,注意前后分割线的对应关系;注意裁片的完整性。

2. 纸样资料的完善

纸样资料包括缝份、剪口、布纹线、钻孔及文字标注等。

男西装缝份的加放:根据车间生产习惯对西装放缝。

布纹线上标注:客户+款式名+款号。
布纹线下标注:纸样名+纸样数量+码数。

图6-1 男西装结构图

第四节 富怡CAD完成制板

一、工作要求

在本学习与工作环节中,你与你的小组应该完成如下工作:
(1)运用V8软件完成结构设计,熟练运用快捷键。
(2)在面料完成的基础上,复制生成里料裁片,再进行简单修改,提高制图速度。
(3)以英寸为单位进行制图。
(4)完善纸样内部图元,为后面的对条对格排料做好准备。

二、实施建议

1. 纸样绘制

先绘制前后片基本纸样,在此基础上进行分割线的设计。

2. 分割纸样

纸样工具栏的分割纸样工具用于将纸样沿辅助线剪开。

操作方法

选中分割纸样工具→在纸样的辅助线上单击,弹出"根据基码对齐剪开"对话框→选择"是",根据基码对齐剪开,选择"否",以显示状态剪开。(尺码表中包含多个码才会根据基码对齐剪开对话框,否则直接剪开。)

第六章 男西装制图

3. 键盘快捷键

表6-2 富怡CAD键盘快捷键

Q	平行线	W	剪刀	E	橡皮擦	R	比较长度	B	相交等距线
T	靠边	P	点	A	调整工具	S	矩形	N	合并调整
D	等分规	F	智能笔	G	移动复制	J	对接	M	对称调整
K	对称	L	角度线	C	圆规	V	连角		
F2	切换影子与纸样边线			F3		显示/隐藏两放码点间的长度			
F5	切换缝份线与纸样边线			F4		显示所有号型/仅显示基码			
F7	显示/隐藏缝份线			F10		显示/隐藏绘图纸张宽度			
F12	工作区所有纸样放回纸样窗			Ctrl+F12		所有纸样进入工作区			

1) J 对接

J对接用于将一组线向另一组线对接。如常见的肩线对接，合并前后片。

操作方法：先选择需要合并的线段，如肩线，然后单击需要对接移动的线段，最后单击右键完成。（注意其与合并调整工具的差别：合并调整，选择顺序是选择需要调整的线段后再单击右键，选择合并的线段后再单击右键，调整结束后，线段回到原位。）

2) L 角度线

L角度线可作任意角度线，如过线上（线外）一点作垂线、切线（平行线）。

操作方法：

方法一：

分别选择角度线的起始边的2点，向外拖动到合适位置确定角度线。

方法二：

单击线段，然后选择目标点，出现绿色控制线，Shift键可以切换绿色参考线的类型，单击右键切换角度起始边，向外拖动到合适位置确定角度线。

3) F2 切换影子与纸样边线

该命令用于影子和纸样边线的切换。

使用该命令前，纸样必须已经使用了生成影子命令。

生成影子：将选中纸样上所有点线生成影子，方便在改版后看到改版前的影子。操作：选中需要生成影子的纸样；单击"纸样"菜单→"生成影子"。

"纸样"菜单下同时包含"删除影子""显示隐藏影子"命令。

第五节
样板检查和修正

一、工作要求

（1）确定纸样是否正确、是否齐全。
（2）确定纸样曲线弧度较大的部位以及需对条格纸样是否有对位剪口。

二、实施建议

（1）所有纸样师交换检查对方的纸样，检查纸样尺寸、数量等是否正确。
（2）自检合格，并且客户确认后，填写纸样清单。

纸样清单

客户：		款号：	
纸样员：		日期：	
序号	纸样名称	布料类型	数量
1			
2			
3			
4			
5			
6			
7			
8			
9			
10			
11			
12			
13			
14			

第六节 放码量计算

✂ 一、工作要求

男西装放码推板，根据制单尺寸要求，计算每块裁片对应放码点的放码量。

✂ 二、实施建议

（1）将前片看成一片，把分割线当作内部线，先进行整体放码；后片放码方法同前片。

（2）完成整体放码后，再根据分割线将放码量进行推放，使控制同一尺寸的所有放码点放码量总和等于该尺寸档差。

（3）曲线曲度较大的部位，输入放码量后还需对其曲线进行调整，保持圆顺。

放码量计算区

第六节 放码量计算

放码量计算区

第七节 富怡 CAD 完成放码

一、工作要求

利用点放码工具，对男西装纸样裁片各放码点输入放码量，进行放码。该款式的分割线较多，要使各分割裁片的放码总和满足制单尺寸表要求。

二、实施建议

1. 放码

对于相同放码量的点，框选放码，提高放码效率。

2. 放码检查

纸样完成放码后，单击各码对齐按钮，便于检查横、纵向各码之间的放码情况，所有尺寸跟回尺寸表。

3. 各码对齐

放码工具栏内的各码对齐命令，用于将各码放码量按点或剪口（扣位、眼位）线对齐或恢复原状。

操作方法

（1）用该工具在纸样上的一个点上单击，放码量以该点按水平、垂直对齐；
（2）用该工具选中一段线，放码量以线的两端连线对齐；
（3）用该工具单击点之前按住 X 为水平对齐；
（4）用该工具单击点之前按住 Y 为垂直对齐；
（5）用该工具在纸样上单击右键为恢复原状。

第八节 男西装排料

✂ 一、工作要求

根据制单要求，男西装款需要对条对格，根据对条对格的要求，分析对条对格要求。

✂ 二、实施建议

▷ 1. 唛架文件的制定

确定企业制单要求，根据件数制定唛架文件。

▷ 2. 对条对格的基本知识

对条要求条形图案在排料时要注意左右对称、横竖对准。如横向、竖向或斜向的条形对位，明贴袋、袋盖等。这些可视效果要与整体衣身协调，领面要左右对称，领中要与后中线对接；挂面的拼接对条；袖子左右对条；裤子裆缝左右呈人字形的斜向对条；裤后袋、前斜袋都要求与整体裤身对条。

对格是横竖两个方向都要求对应，但对应的重点是左右门襟、背缝、领中与后中缝、大袖与小袖。在这些主要部位对格之后再来考虑前后身摆缝、袖子与前胸后背、贴袋和袋盖等。

▷ 3. 制单对条对格分析

左右前身格料对横，袖片以袖山为准左右两袖对称，领片左右领尖条格对称，要对称的点需先加好对位剪口。

第九节 富怡 CAD 完成男西装排料

一、工作要求

为方便检查，并将各码以不同的颜色显示，可以通过设定内部图元的对条对格参数，满足裁片的对条对格要求，并将唛架打印出来。

二、实施建议

1. 操作步骤

设定唛架→载入"男西装款式"文件→"唛架"菜单下的"定义对格对条"命令→布料条格设定→对条对格的参数设置→样片对格对条设置→开启选项菜单下的"对格对条"命令→排料。（为方便检查对条对格情况，建议开启选项菜单下的"显示条格"命令。）

2. 定义条格对条

菜单栏里的"唛架"菜单下的"定义条格对条"命令，用于设定布料条格间隔尺寸、对格标记及标记对应纸样的位置。

操作说明：

1)"布料条格"参数说明

X：该值用来定义第一个 X 方向条格（横条）开始，它从唛架左边缘测起；
Y：该值用来定义第一个 Y 方向条格（竖条）开始，它从唛架上部测起；
水平条格：输入唛架水平方向的两条条格之间的距离；
水平角：横条与水平线的夹角，逆时针方向为正；
垂直条格：输入唛架垂直方向的两条条格之间的距离；
垂直角：竖条与垂直线的夹角，逆时针方向为正。

2)"对格标记"参数说明

款式：用于选择载入纸样的款式名；
号型：用于选择欲设定对格标记的纸样的号型名；
增加：用于增加对格对条的部位。单击该按钮，会弹出"增加对格标记"对话框，按照提示在其中输入对格对条的名称，选择"对横条"还是"对竖条"以及"距离"等，最后单击"确定"按钮；

修改：用于修改对格对条标记，单击该按钮，会弹出"修改对格标记"对话框，可以修改其中的内容；

删除当前：选中对格标记名称，单击该按钮，则删除当前对格对条标记；

删除全部：单击该按钮，则删除全部对格对条标记。

3）"增加对格标记"参数说明

名称：输入对格标记名称，用文字或数字均可；

水平方向属性：即唛架的水平方向的属性；勾选"对条格"，纸样将在唛架的水平方向选定位置；勾选"设定位置"，同时要在"位置"文本框内输入距单元格原点的距离。

注意：

若勾选了"设定位置"，则纸样在对条对格时，指定标记一定对准设定的位置；若不勾选"设定位置"，则纸样在对条对格时，后边放置在工作区的纸样会跟随第一个纸样对条对格。

"垂直方向属性"基本同上，只是方向为唛架的垂直方向。

3. 实施注意事项

必须为需要缝合在一起的匹配点指定同一对格对条序号，以及相同的剪口或纽位类型。例如，如果前片和后片的缝边要缝合，那么在要匹配的位置（比如前后腰线相对应的位置）加上同一类型的剪口，并标注同一个编号。

再比如，如果在前片右边缝制一个装饰口袋，那么在前片和口袋上各加一个钻孔，并赋予这两片一个相同的对格对条序号，当第一个纸样被放置到唛架上时，第二个纸样将参照第一个纸样以确定将它放在何处。唛架上所有具有相同对格对条编号的纸样将按第一个纸样的方式被放置在重复条格中相同坐标处。

4. 纸样文件修改

若纸样文件排料后还有修改，比如漏打剪口，则可以运用"关联"命令，修改排料文件。

5. 关联

菜单栏的"关联"命令，主要针对已经排好的唛架，当纸样需要修改时，在设计与放码系统中修改保存后，应用"关联"可对之前已排好的唛架自动更新，不需要重新排料。

操作方法：单击"文档"菜单→"关联"，弹出"关联"对话框；选择适合的选项；单击"确定"按钮，显示关联成功。

第六章 男西装制图

6. 显示颜色设置

（1）"菜单栏"选项→在唛架上显示纸样→在纸样一栏，勾选件套颜色。

（2）单击快捷工具栏的颜色命令，点选码数，按增加按钮，分别增加 S/M/L/XL 四个码，然后选择 S 码，点选件套，增加按钮，点选右边不同的颜色框，依次类推，分别设置 M\L\XL 颜色，全部完成后，单击"确定"按钮。（S/M/L/XL 不是固定的，根据纸样文件里的码数名字命名。）

7. 任务六排料结果

总床数							
床 1	裁片数		放置数		层数		利用率	
床 2	裁片数		放置数		层数		利用率	

8. 绘图仪

1）简介

绘图仪是指能按照服装行业的生产需求与相关服装软件相结合使用的一种打印设备，在服装行业成套的"服装CAD"系统中占有重要的地位。绘图仪可以利用软件制作的服装样板、齐码板或排料唛架按照1:1的比例输出打印到纸上。

2）绘图仪的安装步骤

关闭计算机和绘图仪电源→用串口线／并口线／USB 线把绘图仪与计算机主机连接→打开计算机→根据绘图仪的使用手册，进行开机和设置操作。绘图仪正面如图6-2所示。

图 6-2 绘图仪正面

3）绘图仪面板操作说明

键盘	功能说明
	在暂停状态下进入基本设置菜单
	用来改变 LCD 显示上的功能设置；还可以使绘图仪介质上下移动
	有暂停和退出的功能
	左右移动喷头或光标
	进入选中菜单的子菜单，保存参数设置
	与其他数字键一样，有设置数字的功能

9. 打印纸样的操作方法

1）DGS 软件打印纸样

（1）把需要绘制的纸样或结构图在工作区中排好，如果是绘制纸样，则可以单击"编辑"菜单→自动排列绘图区。

（2）按 F10 键，显示纸张宽边界（若纸样出界，布纹线上有圆形红色警示，则需把该纸样移到界内）。纸样出界图示如图 6-3 所示。

（3）单击属性栏的"绘图"图标，弹出"绘图"对话框，选择合适的尺寸及绘图方式，单击"确定"按钮。

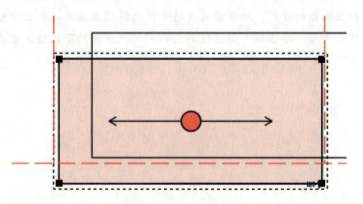

图 6-3　纸样出界图示

2）GMS 软件打印唛架

（1）打开唛架文件，不成套件数必须为 0；
（2）选择"文档"菜单下的"绘图"，选择合适的尺寸及绘图方式，单击"确定"按钮。

10. 绘图对话框参数说明（见图6-4）

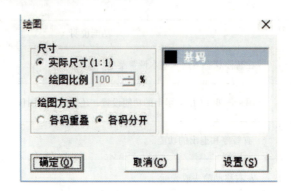

图6-4 绘图对话框

1）实际尺寸

其是指将纸样按1:1的实际尺寸绘制，可直接按照打印出来的纸样裁剪。

2）绘图比例

点选该项后，其后的文本框显亮，可以输入绘制纸样与实际尺寸的百分比。客户需要迷你纸样和迷你唛架时会用到比较小的比例纸样图。

3）各码重叠

其是指输出的结果是各码重叠显示。所有纸样重叠在一起打印往往用来检测纸样尺寸方法是否正确。

4）各码分开

其是指各码独立输出的方式；对话框右边的号型选择框用来选择输出号型，显蓝的码是输出号型，如不想输出号型，单击该号型名使其变白即可，该框的默认值为全选（在做起码板或跳码板时会用到此方法）。

第九节 富怡CAD完成男西装排料

工作笔记

实施过程监控

小组评价考核表

姓名			组别	
学习任务			时间	

序号	项目	配分	评分标准	自评得分	组长评分
1	实训前准备	10	1. 是否按 6S 管理准备好相关工具； 2. 是否课前准时到实训场地准备		
2	小组讨论及配合	20	1. 是否参加小组讨论； 2. 是否配合小组安排		
3	实训过程	40	1. 制图不正确，每个知识点扣 2 分； 2. 未能在规定时间内完成任务扣 10 分		
4	团队意识	20	是否参与小组合作、服从组长安排		
5	文明操作	5	1. 操作不规范及野蛮操作每次扣 1 分； 2. 存在安全隐患直接扣 5 分		
6	清理现场 摆放工具	5	按 6S 管理清理现场，酌情扣分，扣完为止		
	合计	100			

过程评价表

评价内容	评价指标	权重	得分	总分
任务完成情况	1. 小组是否安全操作	20%		
	2. 任务完成质量			
	3. 小组在完成任务过程中所起的作用			
专业知识	1. 是否掌握男西装的结构设计要点	60%		
	2. 是否掌握使用 DGS 绘制男西装的技术			
	3. 是否能用 DGS 系统对男西装进行放码			
	4. 是否掌握排料的基本方法和原则			
	5. 是否能用 GMS 系统进行排料			

续表

评价内容	评价指标	权重	得分	总分
职业素养	1. 学习态度：积极主动参与学习	20%		
	2. 团队合作：小组成员分工合作			
	3. 现场管理：服从工位安排			
	4. 6S 管理			
综合评价与建议				

拓展任务

表1 XX公司生产制单									
客户	HZTI	单号	2013006	下单日期	20131201	走板日期	20131205	走货期	20131230
款号	WT01	数量	60 件						
颜色	色号	S	M	L	XL	合计			
红白色	80	10	30	10	10	60			
车缝物料	1. 缝线：白色 #001； 2. 白色 #001 粘合衬； 3. 拉链：#001 白色塑料拉链							主布： 100% 聚酯纤维 里布： 100% 聚酯纤维 缩水： 直：1%，横：1% （还需进一步与化验室确认）		
客户评语及注意事项	1. 所有尺寸跟回尺寸表要求； 2. 装饰线条以及后背造型线条要圆顺美观									
车花	（图示：20厘米，8厘米）									
尺码	英寸计	S	M	L	XL	TOL	款式图		
规定尺寸	衣长（前长）	22	22 7/8	23 5/8	24 3/8	3/8		挂牌及唛头：说明唛车于穿起计左侧骨，距底摆8厘米	
	脚围（成品）	25 5/8	27 1/2	29 1/8	30 3/4	3/8			
	脚围（拉开橡筋）	37	39 3/8	41 3/4	44 1/8	3/8			

续表

	XX公司生产制单						
规定尺寸	胸围	37	39 3/8	41 3/4	44 1/8	3/8	
	袖长	19 5/8	20 1/2	21 1/4	21 5/8	3/8	
	袖口半度（成品）	3 1/2	3 7/8	4 3/8	4 3/4	1/4	
	袖口半度（拉开橡筋）	4 3/4	5 1/8	5 1/2	5 7/8	1/4	
备注							
主管：××		跟单：××		制单：××		日期：××	

表2 XX公司生产制单

客户	JAC	单号	20140001	下单日期	20130304	走板日期	20130315	走货期	20130920
款号	XQ01	数量	1 752 件						
颜色	色号	8	10	12	14	合计			
黑色 BLACK	45	112	570	880	190	1 752			

车缝物料	1. 缝线：黑色 #45； 2. 拉链：黑色 19 厘米，塑料拉链	主布： 100% 聚酯纤维 里布： 100% 聚酯纤维 缩水： 直：1%，横：1% （还需进一步与化验室确认）
客户评语及注意事项	1. 所有尺寸跟回尺寸表要求； 2. 密缝处做法要改善，确保线不松散，要整洁干净	

尺寸	厘米计	8	10	12	14	TOL	款式图	挂牌及唛头： 主唛车贴后中腰 贴车两边
规定尺寸	后中长	82	82	82	82	1		
	腰围沿边度	72	76	81	86	1		
	坐围（腰下20）	94	98	103	108	1		
	脚围	181	185	190	195	1		

备注：裙边散口处做密缝，跟回PP办

主管：×× 　　 跟单：×× 　　 制单：×× 　　 日期：××

表3 XX公司生产制单

客户	VIVI	单号	2014002	下单日期	20130708	走板日期	20130710	走货期	20130820
款号	087675	数量	1 215 件						
颜色	色号	10	12	14	16	合计			
蓝色	24234	120	260	412	423	1 215			
车缝物料	缝线：PP308 粗线								
客户评语及注意事项	1. 袖容位向前移1厘米，使之于袖山之间； 2. 注意前口袋位置，跟办； 3. 办衣长偏长，请跟回尺寸。						主布：100% 聚酯纤维		

尺码	厘米计	10	12	14	16	TOL	款式图	
规定尺寸	后中长	74.5	75	75.5	76	1		挂牌及唛头：主唛车贴后中腰贴车两边
	胸围（夹下2.5厘米度）	98	103	108	113	1		
	腰围	95	100	105	110	1		
	脚围直度	109	114	119	126	1		
	袖长	46	46.5	47	47.5	1		
	袖口阔	31	32	33	34	0.5		
	腰带长	170	175	180	185	1		

备注：前胸贴袋 8厘米 2厘米 4厘米 13厘米

主管：×× 跟单：×× 制单：×× 日期：××

表 4

生 产 通 知 单

客户： moekjo   **合同号：** 20129-8

款号： JOL123   **开单日期：** 2013-10-10   **出货日期：** 2013-10-20

重点要求：做法跟样衣、尺寸跟尺寸表；洗水唛要求黑底白字		
生产布物料是否全部准备到位？		签名：
一、物料	1. 线402#（配色）船头版每色2件，10-17日到工厂	
	2. 主唛1个（客供）	
	3. 洗水唛一个（客供）；本体：70/30 A/N；别布：100P	

二、裁床注意事项

1. 分清布料底面、查布、验码；颜色必须由跟单对好，确认才可开裁
2. 裁床一定要细心检查唛架，比如漏裁片、超用量等问题
3. 主布：布号3221；配布：布号23028402

注意：裁片绣花

颜色英文	主布 A/ 配布 B	MOTION 2012
16#BLACK	克 2#/ 土黄金线	10
30#BROWN	啡 15#/ 土黄金线	10
	总计	20

三、车间注意事项

	尺寸表（单位：厘米）	
1. 全件止口按纸样止口车，严格控制各部位尺寸，做法跟办	后中长	79
2. 组长要检查纸样、原办、制单三者是否一致，统一方可生产。如有疑问，请咨询厂办公室	领圈	61
3. 主唛车在后领下1厘米，不过底	胸围	90
4. 洗水唛车在（穿起计）左侧骨脚上10厘米	袖长	44
5. 领口拉捆条1厘米宽	袖口	17

四、尾部注意事项

1. 全件衣服线头、粉墨、脏污要清干净
2. 包装方法按时装常规方法   纸样：   车办：
3. 挂注意牌

五、备注： 各部门严格要求、清楚后按制单执行

制单人：××   批核人：××

附录一 制板参考

第一章 西裙制板参考

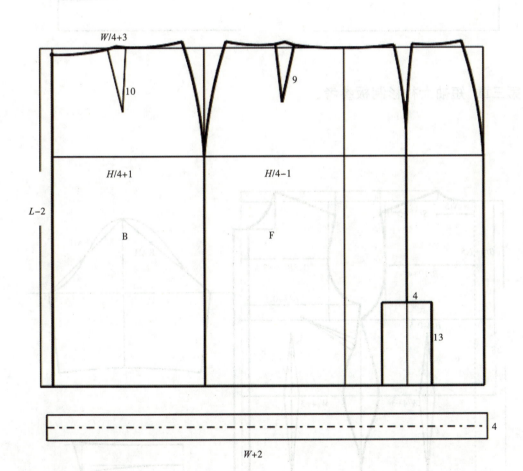

第二章 西裤制板参考

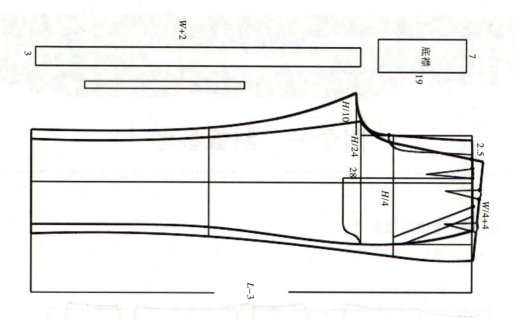

第三章 短袖女衬衫制板参考

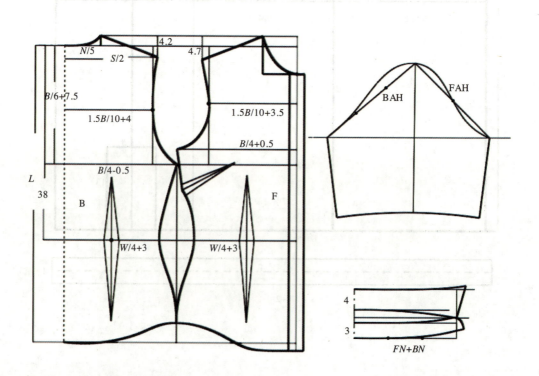

第四章 长袖女衬衫制板参考

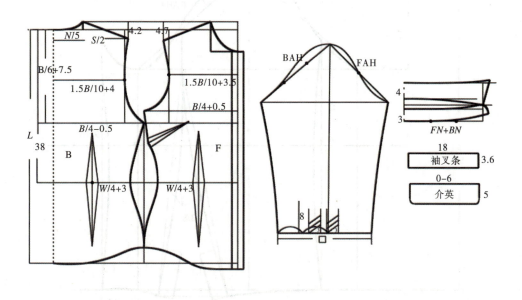

第五章 女西装制板参考

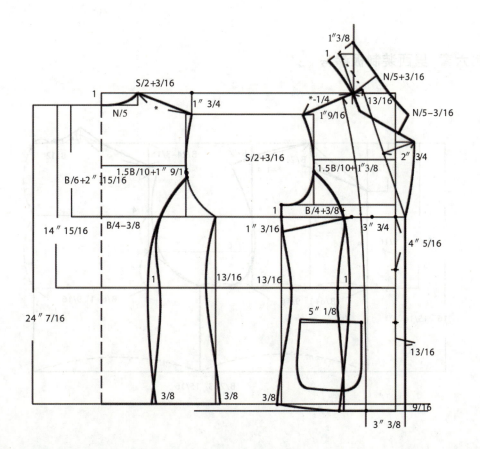

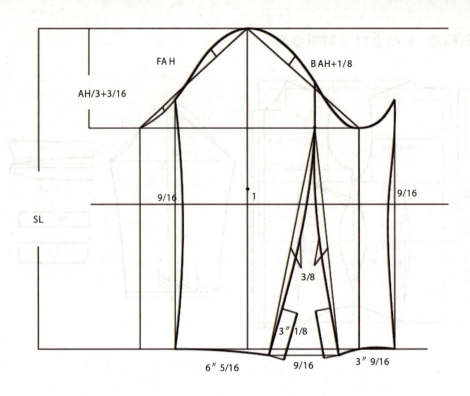

第六章 男西装制板参考

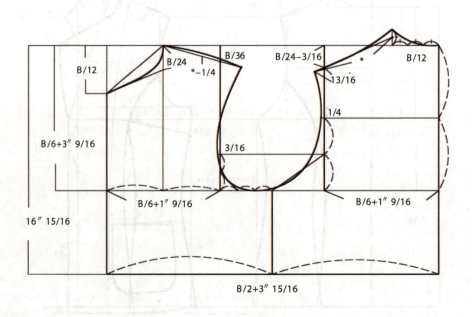

附录一

制板参考

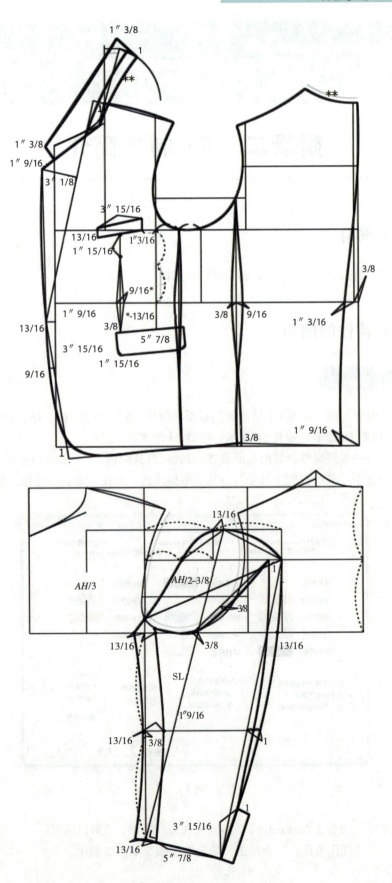

131

附录二 ET制板简介

一、ET简介

ET服装CAD软件，能完成服装制板、放码和排料。

二、ET软件的使用

1. 制板

本章节以女西装为例，示范ET软件的制板操作过程。制图号型160/84A，后衣长54厘米、胸宽92厘米、肩宽39厘米、袖长56厘米、袖口24厘米。

（1）打开文件→系统属性设置的界面设置→调整"背景颜色："（一般为白色）、文字色为黑色、要素色为蓝色→选中"显示智能工具条"→其他不做修改，单击"确认"按钮，如图1所示。

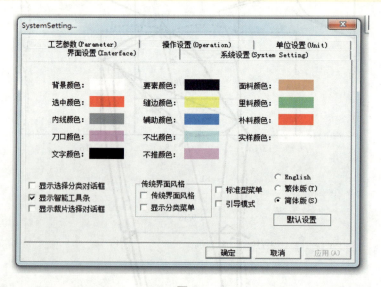

图1

（2）进入"工艺参数（Parameter）"界面→选刀口类型、"刀口深度："、"刀口宽度："、"双刀间距："、"打孔半径："→单击"确定"按钮，如图2所示。

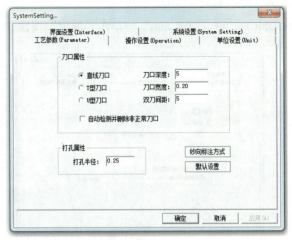

图 2

(3)进入纱向标注方式→单击"确定"按钮,如图 3 所示。

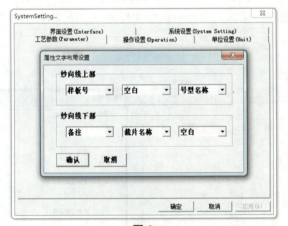

图 3

(4)操作设置一般为"默认设置"(只有"禁止对辅助线操作"不选)→单击"确定"按钮,如图 4 所示。

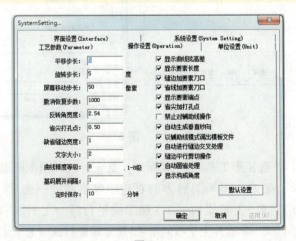

图 4

（5）"单位设置（Unit）"→"厘米/cm"→单击"确定"按钮，如图5所示。

图5

（6）进入画图界面→"设置"→"号型名称设定"→选"D系列"→相对应M码修改为"160/84A"→其他码删除→保存到桌面→建立文件夹→修改文件名为"规格号型"→单击"确认"按钮，如图6所示。

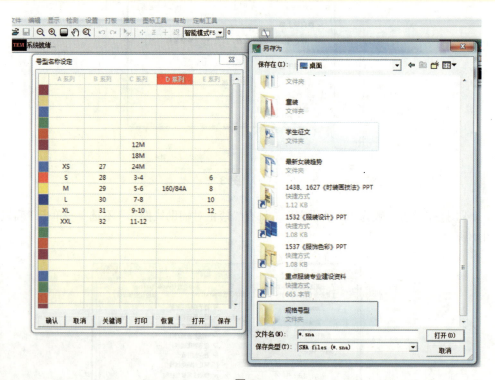

图6

（7）绘制前后衣片：选矩形工具画长54厘米、宽$w/4+1=24$厘米图形为后衣片→单击右键→矩形工具画长56厘米、宽23.5厘米图形为前衣片→单击右键→选平行工具分别在后衣片上平线向上2.5厘米画平行线→上平线向下1.5厘米画平行线→上平线向下23厘米画平行线→上平线向下37厘米画平行线→前衣片上平线向下4.5厘米画平行线→上平线向下23厘米画平行线→

上平线向下 39 厘米画平行线→后衣片向右 17.5 厘米画平行线→前衣片平行工具向左 16.5 厘米画平行线→任意文字工具→在输入文字的部位划线→输入文字→单击"确定"按钮，如图 7 所示。

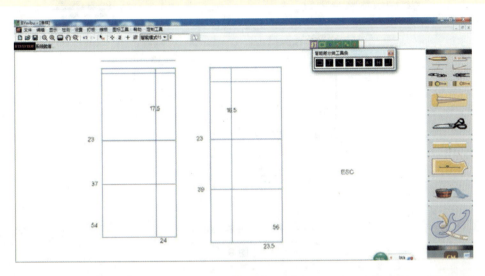

图 7

（8）长度调整：后片选第一条线保留 7.5 厘米→选不用部分单击右键→第二条线保留 19.5 厘米→选不用部分单击右键→前片第一条线保留 8.5 厘米→选不用部分单击右键→第二条线保留 19.5 厘米→选不用部分单击右键→再次调整胸围 −0.5 厘米→后中腰围 −1 厘米→两边侧缝 −1.5 厘米→侧缝底边分别向上调整 −0.5 厘米→单击右键，如图 8 所示。

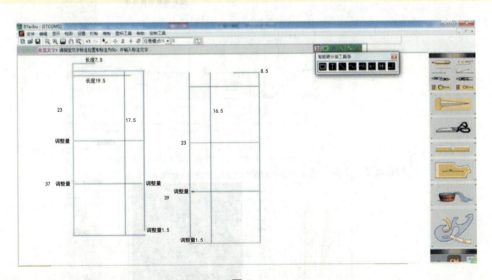

图 8

（9）画领窝线、袖窿线、侧缝线：用曲线工具画后领窝线→单击右键→可适当调整，按 Ctyl 可加点→调整→再用曲线工具连接肩线→画前片领窝线，选用量规工具输入半径数值→选择参考点→在求距离的线上单击→分别画袖窿线、侧缝线→修正→按角圆顺工具→框选要调整的线条→分别单击两条要合并的线→调整合并后的虚线条到圆顺→单击右键，如图9所示。

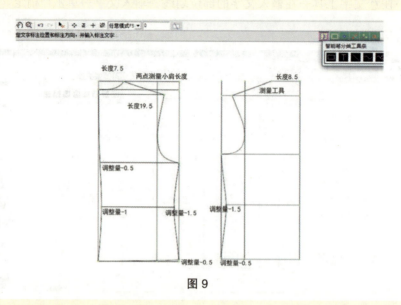

图9

（10）画袖：选工具栏打板→服装工艺→"一枚袖"→靠近袖底单击前袖窿→单击右键→后袖窿→单击右键→平移到空白处单击→完成袖窿线→调整预览→单击"确定"按钮→用打断工具选择要剪断的袖山线→单击要剪断的袖顶点→再单击前袖山曲线→单击后袖山曲线即可完成→调整预览→单击"确认"按钮，如图10所示。

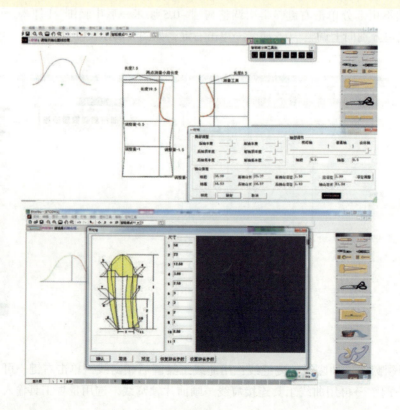

图10

（11）画省：用直线工具单击点并按 Enter 键→横偏 –9 厘米、纵偏 –24 厘米→确认出现点→画省线并调整省长→用单向省工具输入省量 2.5 厘米→选中省尖后自动生成省线→单击"确定"按钮，如图 11 所示。

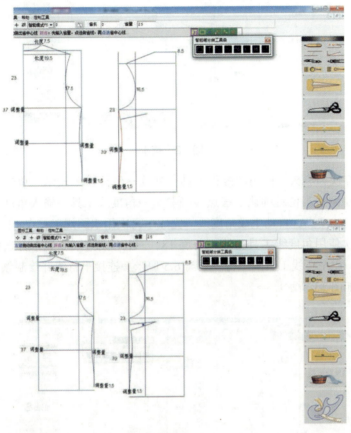

图 11

（12）转省：用曲线工具画曲线→端修正工具→框选（靠近要连接点选择）点选→单击右键→用形状对接工具→框选所有线→单击右键→按 Ctrl 键单击两条要闭合的省线点 1 到点 2→单击右键→点 1 到点 3→单击右键→修正，如图 12 所示。

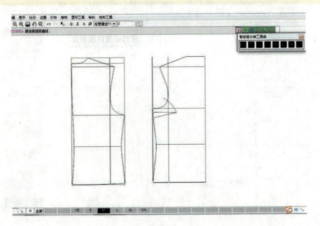

图 12

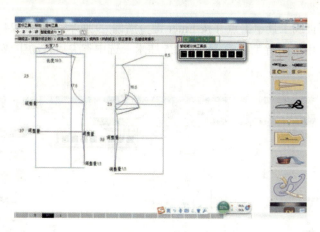

图 12（续）

（13）画板襟线和驳头：使用端修正工具→框选→延长线2厘米→单击右键→用双圆规工具点1、点2→拉到适当位置确认下摆点→画驳头→角度线工具→输入角度85°→长度数值5厘米→选中两对角线交点，自动生成角度线→完成→再次用双圆规工具点1、点2→拉到适当位置确认驳头→再次使用角度线工具→输入角度18°→长度数值8.5厘米→选中两对角线交点，自动生成角度线→用平行线工具画平行线距离6.5厘米→连接平行线并绘制领子形状→用双圆规工具画出驳头，如图13所示。

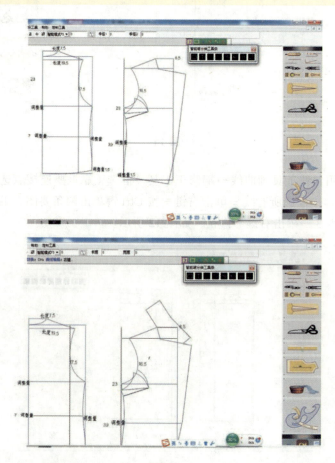

图 13

（14）画腰省：用枣弧省工具→单击枣弧省的正中心点→在弹出的对话框内输入相应的数据→预览，如图14所示。

图14

（15）画口袋：用直线工具在腰围线下5厘米，距前腰省2厘米处长度为14厘米的口袋位画口袋，如图15所示。

图15

（16）裁片属性定义工具→在衣片内画出布纹线→弹出下面的窗口→输入或修改窗口内容，如图16所示。

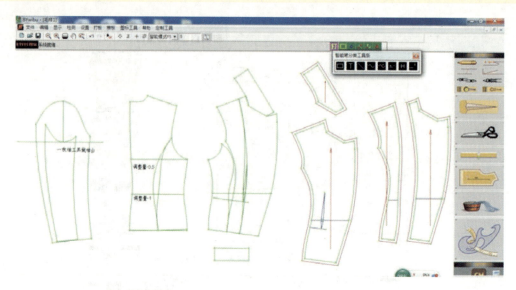

图16

（17）缝边刷新工具或自动加缝边工具→输入缝边宽度→框选要修改的缝边线（可以选择多条）→单击右键完成，如图17所示。

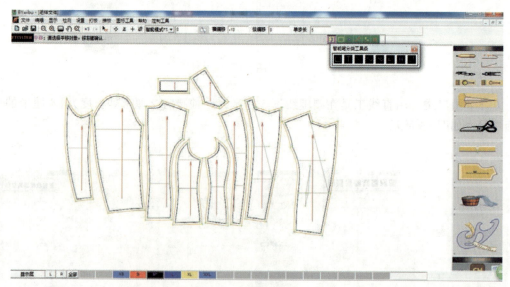

图17

（18）修改缝边宽度工具→输入缝边宽1、缝边宽2→框选要修改的缝边线（注意选择线条时的方向）→单击右键，如图18所示。

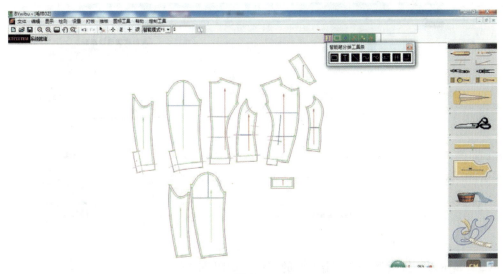

图 18

2. 放码

本节以西裤放码为例。

(1) 打开素材文件→"女西裤放码",如图 19 所示。

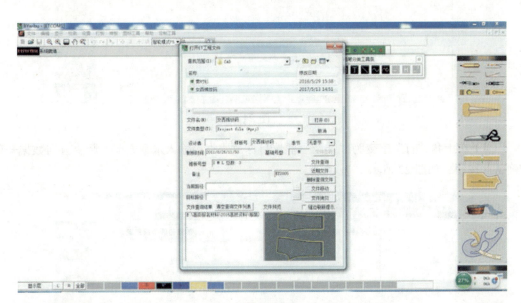

图 19

(2) 设置→号型名称设定→保留 S、M、L,并修改颜色为红、黑、蓝→删除其他尺码→单击"确认"按钮,如图 20 所示。

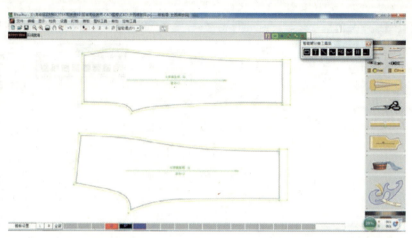

图 20

（3）显示层→推板设置→单击不要的颜色，如图 21 所示。

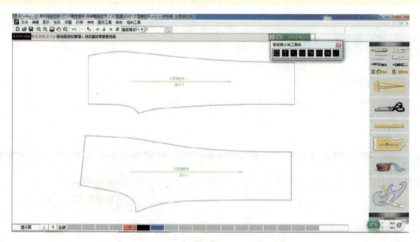

图 21

（4）右上角"打"字变为"推"→框选目标放码点→输入水平方向、竖直方向数据→单击"确认"按钮，如图 22 所示。

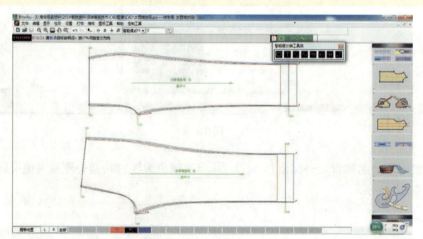

图 22

（5）单击"推"字变"打"→"保存"。

3. 排料

本节以男衬衫为例示。

（1）打开素材文件→新建→"打开"→"男衬衫pla"→"打开（O）"，如图23所示。

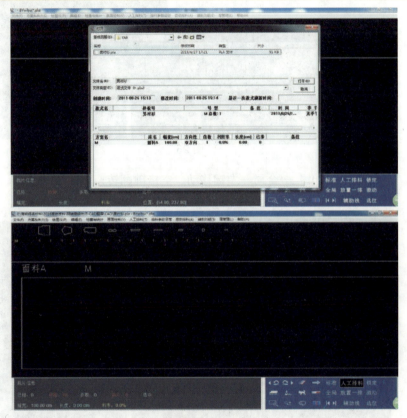

图23

（2）方案＆床次设定→套数为1→"OK"，如图24所示。

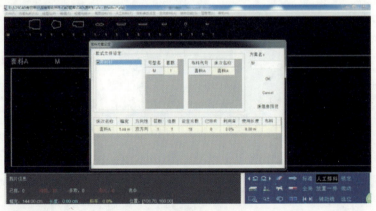

图24

（3）将门幅"100.00"，更改为门幅"144.00"→布料属性为"双方向"→"OK"，如图25所示。

图 25

（4）"自动排料（A）"→全局→左键移动、空格键翻转，如图26所示。

图 26

（5）运用排料工具进行排料操作，要求利用率达83％以上，完成后保存。